농산업법

농산업법

초판 1쇄 발행 2015년 3월 5일
초판 3쇄 발행 2017년 2월 15일

지은이 이정재, 손재권, 김성준, 김한중, 윤성수, 정남수, 서교, 이지민
펴낸곳 서울대학교출판문화원
펴낸이 성낙인

책임편집 신선규
디자인 장혜원, 최선아

출판등록 제15-3호

주소 (08826) 서울 관악구 관악로 1
대표전화 02-880-5252, 팩스 02-888-4148
출판관리팀(주문상담) 02-889-4424, 02-880-7995
이메일 snubook@snu.ac.kr
홈페이지 www.snupress.com

ISBN 978-89-521-1720-5 93520

A G R O I N D U S T R Y L A W

농산업법

이정재
손재권
김성준
김한중
윤성수
정남수
서 교
이지민

서울대학교출판문화원

머리말

농산업은 인류가 지탱해 온 가장 오래된 산업이자 인류의 생존에 없어서는 안 될 중요한 산업이다. 토지와 물 등 자연을 기반으로 하는 산업이기 때문에 기후와 계절에 큰 영향을 받고 자연재해에 매우 취약하다. 과거 원시국가나 전제국가들에서는 농산업의 크기와 농민의 수가 국력의 척도이기도 했고 새로운 왕조의 탄생은 농산업의 교란에서 비롯하는 경우가 많았다. 잉카문명 등의 멸망이 인구증가에 미치지 못하는 농산업에서 비롯하였다는 학설도 있다. 하지만 이와 같은 역사적 배경에도 불구하고 현대에 들어 농산업은 그 중요성이 많이 후퇴한 산업으로 여겨지고 있다.

농산업은 자연자원인 토지와 물을 이용하기 때문에 토지나 수자원에 관련된 제반 법률을 꼭 이해하고 있어야 한다. 예를 들어 농업용 저수지의 건설과 관련된 법률은 적게는 100종에서 많게는 140종에 이른다. 이와 마찬가지로 농산물의 재배, 가공, 이용 등도 수많은 법률이 서로 관련되어 있다. 더구나 21세기에 들어 무역을 통한 농산물의 수입과 수출이 급격히 증가하면서 국제적인 이해관계까지 고려하게 됨에 따라 농산업의 현대화를 위한 법의 이해는 그 중요성을 더하게 되었다.

대학에서 농산업을 전공하거나 관련된 산업을 공부하는 학생들이 현업에 진출하는 경우 대부분이 겪는 문제는 법과 규정에 대한 이해와 예측 그리고 해석에 관한 문제이기 쉽다. 또한 농산업의 고도화에 따라 다른 분야에서 농산업과 관련하여 협력하는 경우도 점차 증가하고 있어 산업 간의 협력 등에도 법과 규정에 대한 이해가 요구되고 있다.

일반적으로 법에 대한 강의는 법학대학에서 담당하여야 하겠지만, 필자는 학교에 오기 전 농산업 관련 국가사업과 농산업 관련 법을 입법하고 집행해 본 경험을 바탕으로 서울대학교 법학전문대학원과 농업생명과학대학에서 강의해 오고 있다. 이는 전술한 바와 같이 농산업 현장에서는 법적 상식과 농산업의 이해가 결부되어야 할 필요가 있기 때문이다.

이 책은 그동안 필자가 강의해 온 내용을 공저자와 함께 다듬어 정리한 것이다. 치밀하지 못한 천성으로 늘 새 분야를 개척하는 일이 어려워 많은 착오와 잘못이 있겠지만 시대적 필요를 감안하여 제현의 꾸짖음을 예상하면서 책을 내게 되었다.

대강의 내용은 농산업법을 이해하기 위해 필요한 법일반론, 농산업법 제정 배경이 되는 역사와 농업 현황, 헌법과 농산업 기본법 및 각 법의 체계, 농지와 수자원 등에 관한 이용제도, 농산업법의 실제적 적용인 행정제도와 규정, 세계의 농산업법 동향, 농산업 고도화와 관련된 지식재산권과 산업 형태, 마지막으로 농산업과 관련하여 발생한 판례와 해석으로 구성하였다.

그동안 많은 사람이 이 강의와 집필에 참여하였다. 특히 강의내용을 정리하고 초고를 함께 써 나간 김성준 교수, 손재권 교수, 김한중 교수, 윤성수 교수, 정남수 교수, 서교 교수, 이지민 박사 등 공저자와 이제명 박사, 김태곤 박사에게 감사 드리고, 강의를 도와 자료를 정리하여 준 이윤희, 은상규, 배연정, 이성용 대학원생과 그 외에도 도움을 준 여러분에게 저자를 대표하여 감사의 인사를 전하고자 한다.

2015년 2월
관악산 연구실에서
이정재

차 례

제7장 세계의 농산업법

제8장 지식재산권과 산업체

제9장 농산업법 관련 판례

표 차례

그림 차례

일러두기

1. 본문의 출처 표기는 참고문헌 번호([1], [2], [3] 등)로 표기하였다.

2. 본문의 각주는 1), 2), 3) 등으로 표기하여 참고문헌 번호와 구분하였다.

1

법에 대한 기초적 이해

머리말에서도 밝힌 바와 같이 이 책은 법을 전공하지 않은 학생을 염두에 두고 작성하였다. 법을 읽거나 토론하면서 꼭 알아야 할 상식과 법의 구조를 먼저 정리해 둠으로써 농산업법에 대한 이해를 높이고자 한다.

1. 법이란?

법은 공기와 같이 우리의 삶에 늘 존재하지만 느끼지 못하는 경우가 많다. 예를 들어 우리는 대한민국에서 거주이전의 자유를 느끼며 살지만 외국인은 법을 어기는 경우 이런 자유를 느끼지 못하게 된다. 또한 대한민국에서 태어난 남자는 남자라는 이유만으로 병역의 의무가 발생하기도 한다. 이는 법이 보장하지 않는 공간에서는 삶 그 자체도 범죄가 될 수 있고, 제한을 받을 수 있다는 것이다.

법의 사전적 의미는 여러 가지가 있다. 제일 먼저 우리가 생각하는 법으로는 국가의 강제력이 따르는 규범이 있겠고, 불가(佛家)에서 얘기하는 삼보의 하나로서의 법, 또는 의식의 세계에서 감각을 사상으로 변환하는 기준으로서의 법이 있으며, 온갖 사물을 사용하고 이해하는 방식으로서의 법이 있고, 마지막으로 "그런 법이 어디 있어!"처럼 예의와 도리를 나타내는 법이 있을 수 있다.

이 책에서는 국가의 강제력이 따르는 규범으로서의 법을 다루고자 한다. 국가가 개인의 의견에 반하여 강제력을 행사하고자 할 때에는 당연히 명분이 있어야 한다. 우리는 법을 준수하고 그 처분에 따르는 명분을 정의에서 찾는다. 즉 법을 정의롭다고 믿으며, 오랜 교육을 통하여 이 믿음을 배우고 가르치고 있다.

당신의 생각도 그러한가? 만약 생각이 그러하다면 살인의 공소시효가 15년으로 규정된 것을 어떻게 설명할 것인가? 어떤 범죄 행위가 시간에 따라서 정화된다고 보기보다는 비록 살인을 저지른 자라 할지라도 15년 동안 사회에서 다양한 관계를 맺고 소속된 단체에서 어떤 역할을 수행해 온 그를 법으로 처벌할 경우, 이로 인해 발생할 사회적 복원 비용이 더 클 수 있다는 점에서 비롯한 것이라고 보는 것이 오히려 타당할 것이다. 비슷한 예로 미국의 경우 불법이민자가 장기간 미국에서 적응하

지식 발자국

불교 유식학에서의 '법'

기원전 800년경 석가모니에 의해서 설파된 불법은 인간의 몸은 기구가 아니라 인지 정보 판단의 도구라고 말하면서 우리의 의식은 眼(눈), 耳(귀), 鼻(코), 舌(혀), 身(피부)의 오감을 통해 色(color), 聲(sound), 香(scent), 味(taste), 觸(touch)의 오부제 역할을 한다. 이러한 오감에 더해 의식을 제6식이라 하고, 과거를 떠올리는 기억이나 습관을 제7식, 동물이나 사람이나 자신의 종이 갖는 잠재의식이나 본능을 제8식, 동물과 달리 올바른 것을 추구하는 것을 제9식이라 하고 사람은 모두 자기 안에 옳고 그름을 판단할 수 있는 부처가 있다고 이야기한다. 이처럼 감각에서 출발하여 인식에 이르는 과정을 연구하는 불교의 분야를 유식학이라 한다. 과연 악어는 그른 일을 행하며 슬퍼서 눈물을 흘리는 것일까? 왜 우리에게는 어머니께서 예전에 해주시던 음식을 가장 맛있다고 기억할까? '예쁘다'는 것의 기준이 왜 사람마다 다를까? 맛있는 소리라는 것은 어떻게 가능한 것일까? 이러한 의문들이 모두 이와 관계된 것이라 볼 수 있다.

여 생활하는 경우 심사를 통해 미국에 합법적으로 체류할 수 있는 영주권을 주어 불법이민자를 양성화하는 것도 같은 취지에서라고 생각할 수 있다. 이처럼 법은 정의라기보다는 사회 질서를 유지하기 위한 보편 타당성에 기반을 둔 것이라 볼 수 있다.

2. 법의 기원

법은 어떻게 시작되었을까? 법의 시원을 단순하게 설명하기는 어렵겠지만 존 로크(John Locke) 등 경험론을 주장한 철학자들이 주장한 사회계약설을 그 중요한 단초로 볼 수 있을 것이다. 먼저 홉스는 법이 없는 경우 모든 개인은 다른 개인의 약탈과 공격을 혼자의 힘으로 감당해야 하는데, 이렇게 '만인의 만인에 대한 투쟁'을 지속하기보다는 개인의 중요한 권리를 양보하더라도 '계약을 통해 개인의 자유를 일부 희생한 대가로 사회가 개인의 안전을 보장하도록 하자'는 사회계약의 형태가 법이라는 것이다. 로크는 홉스의 사회계약론과 달리 자연 상태를 전쟁 상태가 아닌 평화 상태로 보았으며 이러한 자연 상태에서 극단적인 투쟁이 없다고 생각했다. 다만 일부 자신의 이기적인 만족을 위해 다른 사람의 권리를 침해하는 것을 막기 위해 국가가 계약을 통해 사회의 새로운 조정자(調停者)로서 나서게 된다고 주장하였다. 이와 달리 프랑스의 사상가 장자크 루소(Jean-Jacques Rousseau)는 '시민이 자신의 잠재력을 극대화하기 위하여 자발적으로 참여한 정치공동체를 구성해야 한다'고 주장하였다.

그러나 이런 계약에서 모든 개인이 평등한 대우를 받아야 하는가는 또 다른 문제일 수가 있다. 실제로 모든 개인은 개성을 가지고 있으므로 서로 다르다는 견해의 철학적 바탕에서는 만인의 평등을 주장하기가 어렵다. 예를 들어 니체의 초인론은 차별적 세계관을 보여 준다. 이 세상에는 새로운 세상을 창조하고 경영하는 초인(자라투스트라, 조로아스터)이 있고, 초인의 의지를 실현하는 귀족이 있으며, 이들을 숭배하고 따르는 노예가 있다는 것이다. 물론 이와 같은 차별적 사회 구조는 사회를 하나의 구조로 이해하는 구조주의 철학을 잉태하는 데 공헌하기도 하였다.

구조주의 철학에 또 하나의 발판을 제공한 사람인 카를 마르크스(Karl Marx)는 사람은 개성에 따라서 구별되기보다는 그가 속한 사회적 계급에 따라 행동하게 된다는 계급설을 주장하여, 복잡한 사회를 단순한 계급이 이루는 구조로 분석할 수 있는 틀을 제공하였다. 현재 우리가 겪는 세대 간의 갈등이나 양극화에 의한 편견 또는 지역주의에 따른 쏠림 등도 이와 같은 예가 아닐까 싶다. 계급설은 개인의 가치보다는 계급에

지식 발자국

소크라테스의 변명

서양에서는 소크라테스의 고발, 변론과 판결, 사형선고 후의 변론 과정을 통하여 법의 집행에 대한 좋은 예를 보여 주고 있다. 특히, 법의 집행 과정에서 다수결이 항상 옳은 것은 아니라는 사실에 대한 좋은 사례가 되고 있다. 그리스의 소크라테스는 향연을 통해 많은 젊은이들을 현혹한다고 고발당하는데, 이때 소크라테스의 변명으로 알려진 웅변을 통해 자신을 변호한다. 밀레토스의 "청년을 선도하는 것이 국법이다."라는 말에 소크라테스는 "국법을 아는 재판관 및 아테네 시민 모두 선도자이다. 온 세상 사람이 모두 선도자인데 나 한 사람만이 청년을 타락시킬 수 있는가?"라고 말하면서, "착한 이는 이웃에게 착한 일을 하고 나쁜 이는 나쁜 짓을 한다. 많은 이들은 손해보다 이익을 얻고 싶어 하며 내가 만약 이웃을 타락시킨다면 이는 이웃에게 손해를 입히는 것이므로 나는 이웃을 타락시키지 않았거나 혹 부패시켰다 하더라도 고의가 아니므로 무죄 혹은 경범죄에 해당한다."라고 주장했다. 이러한 변론은 플라톤에 의해 기술되었으며 이렇게 무고한 사람을 사형에 처하도록 했던 밀레토스는 사형을, 이 법 집행과 관계된 아니토스와 리콘은 유형에 각각 처했다.

따라 개인을 판단하므로 법의 평등 적용을 위해서는 만인이 동등할 수 있다는 관점에서 중요한 진전으로 보인다. 물론 여러 신앙에서 인간은 신 앞에서는 동등하게 비교되곤 했지만 민주주의가 가장 발달했다는 영국에서조차 참정권이 여성에게는 부여되지 않았고 개인의 사회적 지위에 따라 참정권이 차등 부여되었다는 점은 참고할 만하다.

법의 역사는 문명의 발전과 밀접한 관련을 맺고 있다. 기원전 30세기경의 고대 이집트는 마트(이집트의 정의와 도덕의 신)의 개념에 기초한 민법을 가지고 있었으며, 기원전 22세기경 고대 수메르의 통치자인 우르남무는 인과관계를 밝힌 최초의 법전을 공식화한 기록이 있다.

기원전 1760년경 함무라비 왕이 이보다 발전된 바빌로니아 법을 편

찬하여 나라 곳곳에 비석으로 새겼는데 이것이 바로 우리가 익히 알고 있는 '함무라비 법전'이다. 아카드어가 사용되어 설형문자로 기록된 이 비석은 19세기에 가장 완전한 형태로 발굴되어 각국 언어로 번역되었다. 법전의 기록에 따르면 개인의 소유권에 대한 인정(땅의 소유와 그 소유지의 생산물에 관한 내용)이나 상대에게 입힌 손실에 대한 배상책임뿐만 아니라 자녀의 양육권이나 교육, 의료 과실에 해당하는 내용까지 포함되어 있다. 법전에 포함된 형법 논리인 '눈에는 눈, 이에는 이'라는 탈리오의 원칙은 일반인들에게 매우 잘 알려져 있다.

현대 법체계와 관련된 구약 성서는 기원전 1280년경에 기원한 것으로 추정되고 있으며, 한국의 법 가운데 가장 오래된 것은 고조선(기원전 2333년~기원전 108년)의 팔조금법(八條禁法), 또는 팔조지교(八條之敎)라고 알려져 있다. 8조 가운데 3조만이 『한서(漢書) · 지리지(地理志)』 연조(燕條)

지식 발자국

축의 시대

칼 야스퍼스는 인류 문명의 발달 과정에서 전혀 다른 환경에서 발생한 문명이 비슷한 시기에 비슷한 결론에 도달한 시대를 축의 시대(Axis of Age)라고 하였는데 기원전 800년에서 기원전 200년 사이에 세계의 주요 종교와 철학이 탄생한 것을 일컬은 것이다. 중국에서는 공자, 묵자, 노자가 인도에서는 우파니샤드, 자이나교, 고타마 싯다르타가 이스라엘에서 엘리야, 예레미야, 이사야가 그리스에서는 소포클레스, 소크라테스, 플라톤이 차례로 등장하여 인류의 사상적 기반의 중심이 되는 생각들을 이야기하는데 당시의 세계적 교류가 거의 불가능한 상황을 고려한다면 매우 놀라운 일이다. 법의 형성과정도 서로 다른 문화 배경과 시대에 형성되었지만 우리 사회의 안정을 목적으로 한다는 가치를 생각할 때 중심이 되는 방향은 비슷하다고 할 것이다. 뒤에 카렌 암스트롱은 축의 시대를 기원전 900년에서 기원전 200년까지로 확대하였다.

에 전하고 있으며 살인에 대한 사형, 상해에 대한 보상, 절도의 경우 노예가 되는 것과 배상 한도 등을 규정하고 있다.

3. 법원

법을 인식하는 근거가 되는 법의 존재 형태를 법원(法源, Sources of law)이라고 한다. 법원은 입법기관이 정해진 절차에 따라서 제정한 법인 성문법원(成文法源)과 입법기관이 제정하지 않은 법인 불문법원(不文法源)으로 나눌 수 있다. 성문법은 자율재량으로 판단할 수 없는 일정한 절차와 형식을 거쳐 공포된 제정법으로 문장으로 작성되어 있어 그 개정이나 폐지를 위해서는 까다로운 절차가 필요하다. 불문법은 성문법의 모체(母體)로서 현대에도 보통법을 근간으로 판례법주의를 적용하는 영국에서는 1차 법원으로 인정되고 있다.

법원의 종류에 따른 체계를 살펴보면 성문법원은 헌법, 법률, 명령, 규칙, 지방자치법규로 구성되며, 불문법원은 관습법, 판례법, 조리로 구

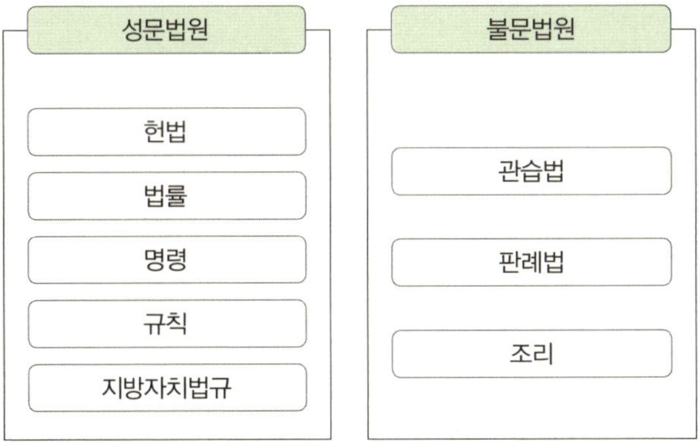

그림 1-1 법원의 종류[1]

지식 발자국

영미의 법 형성과정

• **마그나 카르타(Magna Carta; the Great Charter of Freedoms)**: 1215년 6월 15일에 영국의 존 왕이 귀족들의 강요 때문에 서명한 문서로 대헌장(大憲章)이라고도 알려졌다. 국왕의 권리를 문서로 명시한 것이다. 몇 가지 왕의 권리를 포기할 것과, 법적 절차를 존중하며, 왕의 의지가 법에 따라 제한될 수 있음을 인정하였다. 또한 교회의 자유, 도시의 특권을 요구했으며, 의회 동의 없이 세금을 걷을 수 없고, 재판을 치르지 않고 형벌을 내릴 수 없다고 규정함으로써 귀족과 성직자의 자유를 더 확보하고자 하였다. 이처럼 국왕이 할 수 있는 일과 할 수 없는 일을 문서로 만들기 시작하여 전제 군주의 절대 권력에 제동을 걸기 시작했다는 점에서 의의를 찾을 수 있으며, 민주주의의 시발점으로 보는 관점도 있다.

• **권리청원(Petition of Rights)**: 1628년 영국 의회가 국민의 인권에 대해 찰스 1세의 승인을 얻은 문서로서 청교도 혁명을 유발하는 중요한 계기가 되었다. 누구도 함부로 체포구금될 수 없으며, 군법으로 국민을 재판할 수 없으며, 군대가 민가에 강제로 투숙할 수 없으며, 의회 동의 없이 강제 기부, 과세 증여 등을 부과할 수 없다는 내용을 담았다. 귀족의 권리 확보 노력이 인권확보 문제로 확대되었다는 데에 의미가 있다. 이후 찰스 1세는 1629년 의회를 해산하고 11년간 의회를 소집하지 않았으며, 이 때문에 청교도 혁명이 발발하였다.

• **권리장전(Bill of Rights)**: 권리장전은 인간의 권리를 천명한 헌장 및 법률을 말하며 대표적으로 영국과 미국의 권리장전이 있다. 영국의 권리장전은 명예혁명이 일어난 이듬해인 1689년에 영국 의회가 윌리엄 3세에게 즉위 조건으로서 승인시킨 권리선언이다. 왕이 의회의 승인 없이는 법의 정지, 과세, 군대 징집 등을 할 수 없도록 하였으며, 의회에서 언론의 자유를 승인하는 것을 주요 내용으로 한다. 이러한 내용은 이후에 미국의 헌법에 많은 영향을 끼쳤다. 미국의 권리장전은 1789년 연방의회에서 승인된 미국 헌법의 첫 10조를 말한다. 종교, 언론 및 출판의 자유와 집회 및 청원의 권리, 무기 소지의 권리, 군대의 사명, 수색 및 체포영장, 형사사건에서의 여러 권리, 공정한 재판을 받을 권리, 민사사건에서의 여러 권리, 보석금, 벌금 및 형벌, 인민이 보유하는 여러 권리, 주와 인민이 보유하는 권한 등의 내용을 담았다.

성된다. 성문법원은 규범적 의의를 문장의 형식으로 일정한 절차와 형식에 따라 제정 공포한 법이며, 불문법원은 사회에서 형성된 관습이 법적인 확신을 얻어 법규범으로 인식되는 것과 유사한 사건에 대한 같은 취지의 판결이 반복되어 사실상 법원으로 구속력을 갖게 되는 경우로 볼 수 있다.

우리나라의 법체계는 성문법주의를 원칙으로 하며, 최상위법으로 헌법이 존재한다. 헌법은 국가의 최상위법으로 구체적이지 않고 선언적인 특징을 가진다. 헌법의 하위 법인 법률은 정부와 국회의원이 제안하여 입법부의 의결을 통하여 제정된다. 이러한 법률은 모든 상황에 적용되어야 하므로 일반적이고 추상적이어야 하는 특징이 있다. 이러한 법률을 구체화하여 시행되는 규범이 명령이며, 명령은 법률의 위임을 받아 행정부나 국가기관이 정한 법규범이다. 규칙은 일반적으로 행정기관의 내부 질서와 공법상 특별권력관계를 규율하기 위해 제정되는 행정규칙, 법규명령으로서의 성격을 가지는 규칙, 자치법규로서의 규칙의 의미로 사용된다. 지방자치법규는 지방자치단체가 헌법에 규정된 자치입법권에 따라 법령의 범위 안에서 제정한 법 규범으로 조례와 규칙이 있다.

4. 법의 분류

법은 법의 내용, 효력의 종류, 효력의 범위 등에 따라 분류될 수 있다. 법은 그 내용에 의하여 공법과 사법으로 구분하는데 이는 로마법 이래의 가장 전통적인 분류이다. 주체설에 따라 공법(Public law)과 사법(Private law)을 구별하자면 공법은 형벌권의 행사, 납세의 의무 등과 같이 국가 및 기타의 공공단체와 개인과의 관계를 규율하거나 정부의 조직 등과 같이 공공단체 상호 간의 관계를 규율하는 법을 말한다. 반면에 사법은 친자 관계, 고용 관계, 개인과 개인 사이의 매매나 재산 관계 등과 같이 개인 상호 간의 관계를 규율하는 법이다. 연혁적으로 사법은 자본주의 사회에서 상품의 생산과 교환의 사회체제를 유지하기 위해 시민의 자유로운 경제활동을 보장하는 것을 목적으로 만들어졌고, 공법은 이러한 시민의 경제적 자유권을 보장하고 이를 침해하는 국가권력을 억제하기 위해 만들어졌다.

또한 법의 분류는 효력의 종류에 따라 실체법과 절차법으로 나눌 수 있다. 실체법은 권리주체 간 혹은 권리주체와 권리객체 간의 법률관계를 규율하는 법이며, 절차법은 실체법을 실현하는 절차에 관한 법이다.

법이 적용되는 효력 범위를 기준으로 일반법과 특별법으로 구분할 수 있는데 특별법은 시간, 장소, 적용 대상 등 일정한 범위에서 효력을 가지는 법으로 예를 들어 「신행정수도 후속대책을 위한 연기·공주지역 행정중심복합도시 건설을 위한 특별법」과 같은 것이 있다.

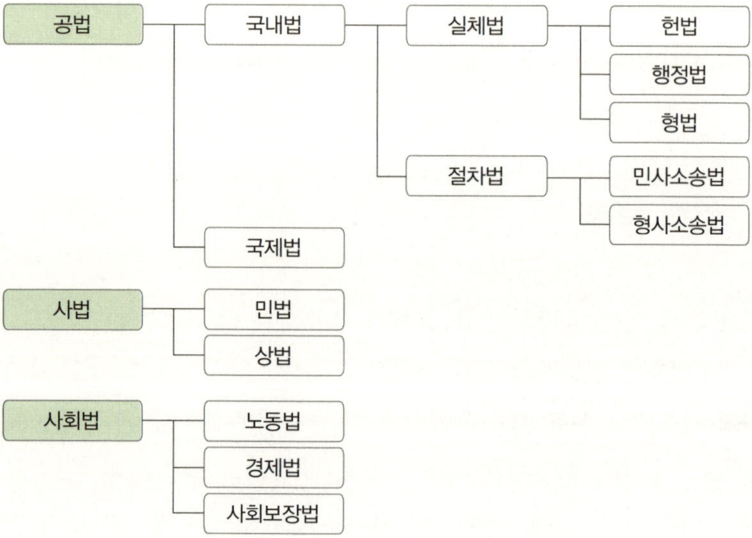

그림 1-2 법의 분류[5]

5. 법의 체계

우리나라 최상위의 법은 헌법으로 "인간의 존엄을 실현하기 위하여 정치적 통일과 정의로운 경제 질서를 형성하는 국가적 과제의 수행 원리와 국가 내에서의 갈등을 극복할 절차 및 국가 작용의 조직과 절차의 대강을 규정하는 국가의 법적 기본질서"로 정의할 수 있다.[1] 또한 그 효력은 법률이나 명령과 같은 하위법보다 우선하며 개정을 위해서도 다른 법률보다 매우 엄격한 절차를 따르도록 헌법 제128조에 규정하고 있다. 하지만 1948년 7월 12일 처음 헌법이 제정되고 7월 17일 공표되어 시행된 이후 현재까지 9차례나 개정되어 전문, 본칙 130개조, 부칙 6개조로 구성되어 있다.[1]

법률은 입법부인 국회가 헌법에 규정한 절차에 따라 심의하여 의결하고 대통령이 서명한 후 공포함으로써 효력이 발생하게 되는 규범으로 헌법의 하위법에 해당한다. 원칙적으로 법률은 일반적이고 추상적이어야 하는데 여기서 '일반적'이라는 것은 제정된 법률이 특정한 사람에게 한정되지 않고 모든 사람에게 적용이 가능해야 함을 뜻하고, '추상적'이라는 것은 제한적인 사건에 한정되지 않고 모든 사건에 적용이 가능해야 함을 뜻한다. 또한 헌법은 법률의 상위법이기 때문에 법률은 반드시 헌법의 테두리 안에 있어야 하며 헌법에 위배되는 법률은 무효이며 하위법인 명령과 규칙은 법률의 테두리 안에 있어야 한다(헌법 제107조 제2항).[1]

명령은 국회의 입법절차 없이 행정기관과 같은 국가기관에 의해 제정된 법으로 법률의 하위법에 해당하며 명령에 의해 헌법 또는 법률을 개폐할 수 없다. 하지만 형식은 명령이지만 법률적 효력을 갖는 법률대위명령의 경우 법률을 개폐할 수 있다(헌법 제75조, 제76조).[1]

대통령령은 위임명령과 집행명령으로 나뉘며 위임명령은 법률에서

표 1-1 법령 통계(2014년 7월 31일 기준)

	현행법령		공포현황	
구분	건수		건수	
헌법	1		10	
법령	법률 대통령령 총리령 부령 기타	1,335 1,534 69 1,127 330	법률 대통령령 국무원령 각령 총리령 부령	12,756 25,529 257 1,765 1,085 19,858
	소계	4,395	소계	61,250
계	4,396		61,260	

그 범위를 정하여 위임하는 경우이고, 집행명령은 법률을 집행하기 위해서 필요한 사항을 규정하는 명령이다(헌법 제75조). 집행명령은 특정법률에 종속하여 효력을 가지므로 기본이 되는 법률이 소멸하는 경우에는 이에 따라 소멸하며, 법률에 변경이 생기는 경우에는 이에 따라 그 효력이 변경되거나 소멸하게 된다. 또한 상위명령의 위임이 없더라도 직권에 의해 발할 수 있다는 점에서 위임명령과 구별된다. 위임명령은 위임의 범위에서는 입법사항을 새롭게 규정할 수 있다는 점에서 집행명령과 다르다. 대통령령, 총리령 및 행장각부의 장이 발하는 시행명령이 이에 해당하는데 보통 시행령 또는 시행규칙이라는 이름으로 공포된다.[1]

총리령과 부령에는 법률 또는 대통령령의 위임에 의하여 발하는 것으로 위임된 범위에서 법률 또는 대통령령으로 규정할 사항을 새로이 정할 수 있는 위임명령과 행징명령[1)]이나 집행명령[2)]과 같은 직권명령이

1) 행정명령 또는 행정규칙은 국무총리 또는 행정 각부의 장이 헌법 또는 법률에 따른 수권 없이 그 직무권한의 범위 안에서 발할 수 있는 직권명령이다.

2) 집행명령은 법률 또는 대통령령을 집행하기 위하여 발하는 법규명령으로서의 직권명령이다.

있다. 규칙은 행정기관의 내부질서와 공법상 특별권력관계를 규율하기 위하여 제정되는 행정규칙(규칙, 훈령, 지시, 예규, 통첩, 규정, 수칙 등), 법규명령으로서의 성격을 가지는 규칙(헌법의 규정에 따라 국가기관에서 제정한 규칙으로 국회규칙, 대법원규칙, 헌법재판소규칙, 중앙선거관리위원회 규칙), 지방자치단체의 자치법규로서의 규칙이 있다. 지방자치법규는 지방자치단체가 헌법에서 규정한 자치입법권에 따라 법령의 범위 내에서 제정하는 법규범이다(헌법 제117조 제1항). 지방자치단체는 주민의 복지에 관한 사무를 처리하고 관리하는 데 필요한 자치에 관한 규정을 제정할 수 있으며 이러한 법규에는 조례와 규칙이 있다. 조례는 지방자치단체가 지방의회의 의결을 거쳐 그 사무에 관하여 제정한 자치법규이며, 규칙은 지방자치단체의 장이 조례에서 위임한 범위에서 그 권한에 속하는 사무에 관하여 제정한 자치법규이다.

국제법은 국제사회의 법으로 강제력이 없다는 점에서 엄밀한 의미에서의 법인가에 대한 논란의 여지는 있다. 하지만 국제연합(UN)과 같은 국제조직을 통해 집단적 제재가 가능한 점을 고려할 때 법으로서의 성격을 갖지 않는다고 보기도 어렵다. 하지만 국제사회 전체를 지배하는 권력기구가 존재하지 않기 때문에 각국의 국내법과는 매우 다른 특성이 있다. 국제법은 세계인의 양심에 호소하는 측면이 있는 법으로 효력을 기준으로 일반국제법과 특수국제법으로 구분된다. 일반국제법은 국제사회 일반에 효력을 가지는 법으로 여러 국가의 일반적인 관행을 바탕으로 형성되는 관습국제법이 이에 해당하며 특수국제법은 특정한 2개 국가 또는 다수의 국가 사이에서만 효력을 가지는 법으로 참가한 국가만을 구속하는 조약을 예로 들 수 있다.[1]

관습법은 사회에서 형성된 관습이 법규범으로서의 성격을 가지며 법으로 된 것을 말하는데 관습법의 성립을 위해서는 관습이 선량한 풍속과 기타 사회질서에 어긋나지 않아야 하며 사회적 합의가 있어야 한다.

우리나라도 민법과 상법 제1조에서 관습법을 법원으로 보고 있다.

판례법은 비슷한 사건에 대해 법원이 동일한 취지의 판결을 반복하는 경우 이러한 판례의 방향이 사실상 법적인 성격을 갖는 불문법을 말한다. 이러한 판례법은 법원의 관행[3]을 법인식의 근거로 인정하는 것을 말한다. 그러나 영미법에서 상급법원의 판결이 하급법원의 판결을 구속하는 것과는 달리 대륙법계에서는 상급법원의 판례가 하급법원의 판단을 법률상 구속할 수 없다. 따라서 우리나라도 대법원의 판결이 하급심을 구속하는 것은 해당 사건에 한정되며 법관은 다만 헌법과 법률을 근거로 판결할 수 있다.

6. 법의 개정과 적용

우리나라의 헌법은 국가통치체제와 기본권 보장의 기초에 관한 근본 법규이며, 대한민국 헌법은 1948년 7월 17일 제정되었다. 이러한 헌법은 1952년 1차 개헌을 시작으로 1987년까지 총 9차례에 걸쳐 개헌(현행 헌법)이 이루어졌다.

행정조직과 행정작용에 관해서 규정하는 법규와 행정규제에 관해서 규정하는 법규를 총칭하여 행정법이라 한다. 법치행정은 근대 행정법의 기본원리이며, 특정한 행정작용을 정당화하기 위해 법 형식을 이용하는 것이 아니라 국민의 권리와 이익을 구체적으로 실현하는 실질적 법치국가일 것이 요구되며, 위법 또는 부당한 행정작용으로 국민의 권리와 이익이 침해되었을 때 행정 구제를 요구할 수 있도록 하고 있다.

---

3) 관행이란 개별 법규범의 의미와 범위 및 법 적용의 형식에 대한 법원의 일관된 견해를 말한다.

표 1-2 대한민국 헌법의 개정사

제1차 개헌 (발췌개헌)	1952.7.7.	대통령 직선제, 국회 양원제, 국무의 연대책임제(국회의 국무원 불신임제) 공고절차 결여, 공개기립투표 시행
제2차 개헌 (사사오입 개헌)	1954.11.29.	초대대통령에 한하여 중임제한 철폐, 국무총리제 폐지, 국무위원의 연대책임제 폐지, 주권제한 및 영토변경에 대한 국민투표제, 경제조항을 자유경제체제로 수정, 헌법개정안에 대한 국민발안 인정 등 의결정족수에 대한 논란이 있음
제3차 개헌 (제2공화국 헌법)	1960.6.15.	의원내각제, 대통령의 국회 간접선거, 헌법재판소 신설, 중앙선거관리위원회의 헌법기관·독립기관화, 지방자치제도, 대법관선거제, 국회 양원제 실시, 공무원의 정치적 중립 및 신분보장, 기본권 강화, 정당조항 신설, 선거연령의 인하(만 20세), 긴급명령권 폐지 등
제4차 개헌 (소급입법 개헌)	1960.11.29.	형벌불소급원칙의 예외규정을 두어 3·15 부정선거 관련자와 반민주행위자의 공민권 제한 본문개정 없이 부칙만 개정
제5차 개헌 (제3공화국 헌법)	1962.12.26. 전부 개정	대통령직선제, 부통령제 폐지, 국무회의의 심의기관화, 법관추천회의제도, 국민투표를 통한 헌법개정, 탄핵심판위원회 설치, 법원의 위헌법률심판권, 기본권의 강화 등 국민투표로 개정한 최초의 헌법
제6차 개헌 (삼선개헌)	1969.10.21.	대통령의 3선 허용, 대통령 탄핵소추요건 강화, 국회의원정수 증원(250명), 국회의원 겸직규정 등 국회의사당 외에서 이루어진 개헌
제7차 개헌 (유신헌법, 제4공화국 헌법)	1972.12.27. 전부 개정	대통령 권한 강화, 사법독립권 약화, 국회권한 약화, 기본권 약화, 자유권 약화, 국회의원 3분의 1을 대통령이 선출, 대통령의 초헌법적 긴급조치권 및 국회해산권, 국정감사권 폐지, 헌법개정절차 이원화 등 국회해산 후 비상국무회의 의결을 거쳐 개헌안 공고
제8차 개헌 (제5공화국 헌법)	1980.10.27. 전부 개정	대통령 간선(7년 단임), 국회의원의 청렴·국가이익 우선 의무, 대법원 조직, 지방자치 유보, 기본권의 강화·신설(연좌제 금지·행복추구권·환경권·사생활보호권 등 신설), 재외국민 보호조항, 문화국가조항, 제5공화국 명시, 대통령 긴급조치권 폐지 및 비상조치권 인정 등 1979년 12·12 군사쿠데타 이후 1980년에 국민투표로 확정
제9차 개헌 (현행 헌법)	1987.10.29. 전부 개정	대통령 직선제(5년 단임), 국회권한 강화, 비상조치권 폐지, 사법독립권 강화, 헌법재판소 부활, 사회적 기본권 실질화 등 임시정부 법통 계승, 4·19 민주이념 계승 등을 골자로 하는 전문의 개정

형법은 개인의 이익, 사회의 이익, 국가의 이익을 침해하는 특정행위를 범죄로 규정하고 이를 처벌하는 근거법규이다. 형법의 기본 원칙은 국민의 자유와 권리를 보장하는 죄형법정주의에 있다. 죄형법정주의는 형사입법과 형사제재의 합리성까지 보장하지 않는다. 범죄는 구성요건에 해당하는 위법, 유책의 행위라고 해석되며 그 결과 생명, 자유 또는 재산을 빼앗는 형벌이 과해지고 있다.

민법은 일반인의 사적 생활관계인 재산관계와 가족관계를 규율하는 법으로 제1편 총칙, 제2편 물권, 제3편 채권, 제4편 친족, 제5편 상속으로 나누어져 있다. 제2편과 제3편은 재산관계를 규율하는 재산법이고, 제4편과 제5편은 가족관계를 규율하는 가족법이다.

상법은 기업조직과 기업거래의 준칙을 규정하고 있다. 특히 기업조직의 유지, 기업경영의 합리화, 기업거래의 원활과 안정 등을 꾀하는 구체적인 규정을 두고 있으며, 기업사회를 유지하고 그 발전을 촉진하는 것을 목적으로 한다.

형사소송법은 국가의 형벌권을 실현하는 절차를 규정하는 법규로서 범죄가 발생하는 경우 수사, 심판, 선고의 전체 과정을 담고 있다. 형사절차는 수사절차와 공판절차를 포함하고 있으며 수사기관과 재판기관의 행위를 규제하는 법규가 설정되어 있다. 형벌권을 발동하는 형사 절차는 개인의 기본권 및 인권을 보장하는 적정절차일 것이 요청되고 있다.

민사소송법은 개인 간의 분쟁을 해결하는 사법절차를 규정하는 법규로서 주로 재산권 혹은 신분과 관련된 분쟁 시에 적용되는 절차법이다. 민사소송법은 당사자의 권리, 의무관계를 확정하는 판결절차와 채무자에 대한 채권자의 급부청구권을 강제적으로 실현하는 강제집행절차를 포함하고 있다.

노동법은 노동관계를 규율하는 법규로서 사용자와 근로자 개인 간의 관계를 규율하는 개별적 노동관계의 법규와 사용자와 노동조합 간의 관계를 규율하는 법규를 포함한다. 노동법은 종속노동을 규제하고 근로자의 인간으로서의 존엄권을 실현함을 목적으로 하고 있다.

최저한도의 생활보장을 목적으로 하는 법규로서 사회보험과 공적 부조 등에 관한 법규를 사회보장법이라 총칭한다. 사회보험은 노령, 질병, 실업 등의 사유가 발생한 때에 일정한 보험급여를 행하는 제도이다. 공적 부조는 생활곤궁자에게 금전현물을 지급하여 생활부조 등을 하는 제도이다. 각종 사회복지서비스에 대한 법제가 사회보장법의 영역에 포함된다.

경제조직과 경제활동을 규율하는 법규로서 종래에는 국가가 경제를 규율하기 위한 법규범의 총체를 경제법이라고 하였는데, 현재는 이 가운데 단순히 경제외적 목적(보건위생, 치안유지, 환경보전 등)을 위한 것은 제외하고 국민경제 전체의 질서를 유지하기 위한 법규범과 법제도만을 경제법으로 보는 것이 지배적이다.

국제법은 국가 간의 관계를 규율하는 법으로서 국가 간의 합의를 근거로 해 정립된 조약과 국제관습법이 주요한 법원이다. 국제법은 국가의 기본권으로서 주권, 평등권, 자위권을 인정하고 있다. 국제법은 타국에 대한 불간섭의 의무를 과하고 있다.

국제사법은 국내에 있는 외국인의 법률관계는 어떻게 처리할지, 외국에 나가 있는 내국인의 법률관계는 어떻게 이해할지를 다루는 법규이다. 한 나라의 영토주권과 다른 나라의 인민주권이 충돌하는 경우 이 문제를 어떻게 처리할지와 관련된 법이 국제사법이다.

그 외에도 산업의 발달, 사회의 변화 때문에 다양한 법률이 생성되고 있다.

7. 법의 변화와 효력

법은 그 사회 구성원이 반드시 지켜야 할 규범으로 한번 성립된 법은 고정성과 보수성을 가지게 된다. 그러나 이러한 법도 다양한 요인에 의해 변동하는데 주요 변동 요인으로는 정치적 원인, 경제적 원인, 혁명(법 변동 요인의 종합 형태) 등이 있다.

법은 집권정치세력에 의해 정립되기도 하지만 일단 정립된 법은 그 정치체제와 정치적 목적활동을 법적으로 보장하고 확립하는 기능이 있다. 이처럼 법은 정치와 밀접한 관계를 맺으며 현대 민주사회에서는 정치의 수단으로 작용한다고 볼 수 있다. 또한 법은 사회의 공평한 배분질서를 유지하기 위해 경제적 생활에 깊이 관여하게 되므로, 경제는 법의 내용에 인과적으로 영향을 주고 그 내용을 형성한다.

법은 혁명이라는 요인에 의해 변동하기도 하는데, 혁명은 기존정치체제 혹은 법질서를 실력에 의해 단번에 깨뜨리고 질적으로 새로운 정치체제 및 법질서를 급격하게 확립하는 것이다.

또한 이러한 법이 효력이 없다면 누가 법을 지키겠는가? 법이 사회 안정을 위한 제 역할을 하기 위해서는 반드시 효력을 가져야 한다. 그뿐만 아니라 법은 객관적이고 누구에게나 영향이 있어야 하며(보편적이어야 하며) 실질적이고 형식적인 효력이 있어야 한다.

법이 실질적 효력을 가지려면 규범적 타당성과 실효성을 갖고 있어야 한다. 법은 목적, 가치, 이념이 사회에서 받아들여질 때 타당성을 가지게 되며, 사회에서 법이 정당하다고 믿어질 때 그 권위가 확립되고 법에 대한 복종이 실현된다. 법의 규범적 타당설에는 법학적 효력론, 사회학적 효력론, 철학적 효력론이 있다.

• 법학적 효력론: 법이 갖는 타당성의 근거를 법 자체의 논리구조에

지식 발자국

상앙의 변법

상앙(商鞅, 기원전 395년~기원전 338년)은 중국 전국시대의 유학자이자 법가를 대표하는 정치가이다. 사마천의 『사기』에 따르면, 상앙은 위나라 왕의 서자로 태어났는데, 당시 위나라의 재상 공숙자는 그의 재능을 알아보고 그를 왕에게 천거하고자 하였다. 마침 공숙자가 병에 걸리자 위나라 혜왕이 문병을 와서 정치를 누구에게 맡기면 좋을지 물었고 공숙자는 상앙을 추천하였다. 이때 혜왕이 망설이자 그는 "만일 상앙을 채용하지 않으신다면, 그를 죽여 없애야 합니다."라고 고하였다고 한다.

결국 위나라 혜왕에게 등용되지 못한 상앙은 진나라에서 인재를 구한다는 소문을 듣고 진나라로 망명하여 효공에게로 갔다. 상앙은 효공을 처음 만났을 때 제왕의 길을 말하였지만 효공은 이를 매우 언짢아했다. 이후 다시 효공을 만난 상앙은 하, 은, 주 3왕의 길을 말하였으나 이 또한 효공은 별 관심을 나타내지 않았다. 다시 한 번 더 효공을 만난 상앙은 패자의 길을 말하였고 효공은 이를 마음에 들어 했으나 상앙을 채용하지는 않았다. 효공의 의중을 눈치챈 상앙은 다시 한 번 뵐 것을 청하여 네 번째 만남이 이루어졌을 때, 법 개혁과 부국강병에 대해 몇 날 며칠을 설득하였고 마침내 효공은 상앙을 등용하게 되었다.

진나라의 재상이 된 상앙은 법 개혁을 주도하였다. 진나라는 인구가 적은 나라였으나, 상앙이 귀족들의 땅을 몰수하여 백성에게 나눠 주기 시작하자 주변국의 사람들이 몰려들어 국력(병력)이 점차 강성해졌다. 상앙은 법제를 지배 계급과 피지배 계급으로 나누어 개혁하였다. 우선 지배 계급은 특권층을 해체하여 왕권을 강화하는 방법으로 개혁하였고, 피지배 계급은 개인을 단위로 하는 납세, 군역, 치안 조직을 결성하는 방법으로 개혁하였는데 이를 일컬어 '상앙의 변법'이라 한다.

상앙의 법제 개혁은 지방분권에서 중앙집권으로 옮겨 가는 과정으로 중앙집권화를 통한 정치, 군사, 농업, 상업의 효율성을 증대하였다. 바로 이러한 상앙의 법제가 중앙집권화를 통한 진나라 6국 통일의 기반이 되었다.

그러나 상앙은 법의 적용을 매우 엄격히 하여, 기존 권력을 갖고 있던 귀족의 원성을 샀다. 『사기』에 따르면, 효공이 죽고 태자가 즉위하자 상앙에게 눌려 지내던 많은 무리가 복수를 위해 그를 모함하였다. 이에 상앙은 도망쳤고, 그가 함곡에 이르러 여관에 묵고자 했을 때 자신이 만든 법(증명서 없이는 숙박할 수 없었다)에 걸려 다시 도망쳐야 했다. 이후 위나라로 도망쳤으나 그가 일전에 위나라를 속여 군대를 패배시킨 일로 인해 정나라로 추방되었고 결국 그는 정나라에서 살해당하였고, 그 시신은 진나라에서 거열형을 당하였다고 한다.

서 찾으며, 법의 효력은 그 자체에 내재하고 있다.

- 사회학적 효력론: 사회학적 또는 역사적 측면에서 법의 효력을 찾고 있다.
- 철학적 효력론: 법의 효력을 법의 이념이나 가치와 결부시켜 설명한 이론으로, 법을 따르는 사람은 그 법에 내재하고 있는 이념과 가치를 기꺼이 따르기 때문에 법이 효력을 갖게 된다고 생각한다.

법의 실질적 효력은 법을 위반했을 때 그에 대한 강제수단이 발동하는 경우 실효성을 가진다고 말하며, 이는 강제적으로 물리적인 손해를 받게 되는 것이다. 또한 법적으로 타당하지 않은 법규가 실효성을 가지는 경우 이를 악법이라고 할 수 있으며, 법의 규범적 타당성보다 실효성이 큰 사회를 인치사회, 그 반대로 법의 규범적 타당성이 법의 실효성보다 큰 사회를 법치사회라 볼 수 있다.

법은 그 국가의 영역(영토, 영해, 영공의 전역)에 내국인과 외국인에 대한 구별 없이 효력을 가진다. 그러나 이러한 법의 장소에 관한 효력은 사회적·경제적 또는 정치적·관습적 이유로 다양한 예외가 발생한다. 즉 법의 효력은 때(시간), 사람(누구), 장소(어디)에 제약을 받는다. 법의 효력은 시간적 한계를 가지며 그 시행일로부터 폐지하는 날까지 효력이 있다. 예외도 있지만 법은 그 시행 기간에 발생한 사항에만 적용된다(법률불소급의 원칙). 또한 이미 폐지된 구법에 따라 생긴 권리(즉, 기득권)는 신법에 따라 변경, 소멸시킬 수 없다(기득권불가침의 원칙).

그리고 법은 그 적용에서 누가 법의 적용을 받으며 누가 법의 적용을 받지 않는가 하는 문제로 속인주의와 속지주의로 나눌 수 있다. 속인주의는 한 나라의 국민을 표준으로 하고서 그가 국내외 어느 곳에 있음을 묻지 않고 항상 본국법에 따르게 하는 입법주의이며, 속지주의는 한 나라의 법을 그 영역(영토, 영해, 영공의 전역)에 있는 내외국인에게 구별 없이 항상 절대적으로 적용하는 입법주의이다.

법의 효력이 미치는 대상에 대한 예외로는 치외법권, 대통령과 국회의원(헌법 제84조, 44조), 보호주의가 있다. 치외법권은 국가의 원수, 외교사절 및 그의 가족과 수행원, 기타 군함의 승무원, 일정한 책임을 맡은 지휘관이 인솔하고 있는 군대 등 특별한 신분을 가진 자들은 타국에 있을 때에도 체류국이 아닌 본국법의 적용을 받는 것을 말한다. 대통령의 불소추특권과 국회의원의 불체포특권도 법의 효력이 미치는 대상에서 예외가 되는 경우이다. 또한 우리나라의 중요한 국익을 침해하는 행위에 대하여는 국익보호를 위하여 범죄지나 범죄인을 불문하고 우리나라 법을 적용하는 보호주의가 존재한다.

법의 해석은 일반적이고 추상적인 말로 규정되어 있는 법규의 의미와 내용을 구체적인 사건에 대입하여 명확히 밝히는 것을 말하며, 법의 적용은 구체적인 사실관계에 대하여 법이 규범력을 실현하는 과정을 뜻한다.

법 해석은 그 해석이 구속력을 가지느냐에 따라 유권해석과 학리해석(무권해석)으로 나누어진다. 유권해석은 권한을 가진 국가의 관계에 의하여 행하여지는 해석으로 공적인 구속력을 가지며, 학리해석은 법학자가 법조문 그 자체나 입법 취지 및 그 법에 적용할 사물의 성질 등을 기초로 하여 학문적인 입장에서 학설로 그 법의 의미·내용을 밝히는 것으로 구속력은 없으나 유권해석에는 영향을 주게 된다.

법의 제재란 법의 적용을 받는 자가 규범을 지키지 않으면 직접적으로 일정한 제재 또는 불이익을 받도록 하는 강제 수단을 말한다. 법의 제재는 국내법상의 제재와 국제법상의 제재로 나뉘며 국내법상의 제재는 다시 공법상의 제재와 사법상의 제재로 구분된다.

공법상의 제재는 법질서를 위반한 사람을 처벌하는 것으로 피해자 구제와는 무관하며, 사법상의 제재는 피해자의 민사적 방법을 통해 피해자 자신이 구제를 위해 노력해야 한다는 특성이 있다. 공법상 제재로는 헌법상 제재, 형법상 제재, 행정법상 제재가 있으며, 사법상 제재에는 민법상 제재, 상법상 제재가 있다.

국제법상의 제재는 국제법을 위반한 국가에 가하는 수단을 말하며, 강제규범으로는 불완전하나 오늘날 국가 대부분이 국제법을 준수하고 있다.

토의

1. 골목상권을 보호하기 위한 전통시장 및 상점가 육성을 위한 특별법이 존재한다. 그러나 골목상권이 없어진다면 이 법은 어떻게 될 것인가?
2. 5·16군사정변 이후 달라진 대표적인 법은 어떠한 것이 있는가?
3. 왜 한밤중에 지나가는 차량이나 지나가는 사람이 아무도 없는 횡단보도 앞에서 신호등을 지켜야 하는가? 이 경우 법은 언제 효력을 발휘하는가?
4. 법의 효력은 영원히 지속하는가? 왜 공소시효가 있는가?

지식 발자국

사람은 동물과 무엇이 다른가? - 예와 법

공자는 '예'란 사람의 본성인 '인'이라는 도덕성을 실현하는 질서라 정의하였으며, '법'은 강제력을 수반하고 잘못을 저지른 이후에 적용하는 것으로 이와는 매우 대조적이라 하였다.

사마천의 『사기』에서 진나라의 법 개혁을 주도한 '상앙'과 '공자'에 대한 사마천(태사공)의 평을 살펴보면 극명한 차이가 있음을 알 수 있다.

상앙에 대한 태사공의 평가:

"상군은 천성이 각박한 사람이다. (생략) 총신을 통하여 뒤로 들어가 임용되어 왕의 형인 공자 건을 처벌하였으며, 위나라 장군 앙을 속이고 조량의 충고를 따르지 않은 것은 모두 상군이 각박하고 은정이 적었음을 충분히 증명해준다. 나는 일찍이 그의 저술을 읽은 적이 있는데, 그 내용이 본인의 행적과 비슷하였다. 그는 결국 진나라에서 악명을 얻게 되었는데, 이는 그럴 만한 이유가 있다."

공자에 대한 태사공의 언급:
"나는 항상 그를 동경하고 있다. 공자의 저술을 읽어보고 그 사람됨이 얼마나 위대한가를 상상할 수 있었다. 노나라에 가서 공자의 묘당에서 그의 유물들을 참관했는데 경모하는 마음 때문에 그곳을 떠날 수가 없었다. 천하에는 수많은 군왕과 현인들이 있어 생존 시에는 영화로웠으나 죽으면 그뿐이었다. 하지만 공자는 포의(布衣)로 평생을 보냈지만 10여 세대를 지나왔어도 여전히 학자들이 그를 추앙한다. 천자 왕후로부터 모든 학자가 다 공자의 말을 그들의 판단 기준으로 삼고 있으니 참으로 최고의 성인이라고 할 수 있을 것이다."

이처럼 법은 우리 사회를 안전하게 유지하는 하나의 수단일 수는 있으나 사마천의 평가처럼 법보다는 예와 양심이 더 중요하다 할 수 있다. 그러나 우리가 살아가면서 지켜야 하는 테두리, 즉 법을 안다는 것은 또한 무시할 수 없이 매우 중요한 일이다.

법과 예에 대한 태사공의 언급:
"무릇 예의의 정신을 알지 못하면 군주가 군주답지 못하고, 신하가 신하답지 못하면 아비가 아비답지 못하고, 자식이 자식답지 못하는 지경에 이릅니다. 군주가 군주답지 못하면 신하가 범하기 마련이고, 신하가 신하답지 못하면 처형되기 마련입니다. 또 아비가 아비답지 못하면 무도한 아비가 될 것이며, 자식이 자식답지 못하면 불효가 되고 말 것입니다. 이 네 가지 경우는 세상에서 가장 큰 잘못이니 가장 큰 잘못을 저질렀다고 판단을 받아도 감히 불평할 수 없지요.

그러므로 춘추는 예의의 근본입니다. 무릇 예란 잘못을 미리 방지하는 것이고, 법은 이미 잘못을 저질렀을 때 적용하는 것이므로 법의 효용성은 쉽게 이해할 수 있으나 예가 뜻하는 바를 쉽게 이해하기는 어려운 것입니다."

*참고자료: 소준섭 평역, 『사기』, 서해문집, 2008.

2

농업, 산업법, 농산업법

농산업법은 그 기반을 농업이라는 산업에 두고 있다. 이 장에서는 농산업법을 이해하기 위해서 먼저 농업과 산업법을 이해할 수 있게 하였다. 그리고 다른 산업과 비교하여 농업의 특수성과 농산업이 가지는 특징도 고찰해 보고자 한다.

우리나라에서 지금까지 만들어진 법 가운데 현재 효력을 미치고 있는 법은 4.5퍼센트에 불과하다. 과거 식량이 부족하던 시절 「농지확대개발촉진법」은 국토를 확장하여 더 많은 농산물을 생산하기 위한 매우 중요한 법률이었으나 현재 단위면적당 생산량 증가와 쌀 소비량의 감소로 쌀이 남고 수입 곡물의 가격경쟁력이 훨씬 높은 상황에서 유명무실한 법이 되어버렸다. 하지만 농업의 특징을 이해한다면 농업을 다른 산업과 같이 수요와 공급만으로 판단하는 것은 무리가 있다고 할 수 있다. 따라서 이번 장에서는 농업의 중요성과 농업 등이 포함된 산업법의 특징과 농산업법의 특징을 살펴보고자 한다.

1. 인류와 농업

오랫동안 인류에게 가장 중요한 산업은 자연으로부터 생산물(에너지)을 직접 얻는 농업이었다. 농업이 이루어지기 이전에는 채취와 수렵을 기본으로 하며 먹이를 따라 움직여 살아야 했고, 이에 재난이나 먹이의 변화에 대처하기가 어려웠다. 특히 앞날을 계획하고 이행하는 계획적인 삶을 유지하기가 어려웠으므로 문명의 발달도 매우 더디고 보잘것없었다.

따라서 농업의 역사는 수렵으로는 이룰 수 없는 조직적인 국가 성립의 역사와 함께한다. 문명과 왕권을 위해서는 반드시 충분한 식량과 물이 필요하며, 이를 바탕으로 중앙집권제가 가능하고 사회가 발달할 수 있다. 이러한 사회적 시스템은 종족 번식과 식량 공급체계와 관련을 맺고 있다. 실제로 생존의 위기에서 최후까지 남아야 한다고 집단에서 인정하는 개체를 위해 사회 시스템이 운영되는 모습은 인간에게서뿐만 아니라 개미나 꿀벌 같은 곤충 세계에서도 볼 수 있다. 우리나라에서는 중국 신농씨(神農氏)를 농업의 시조로 생각하고 있으며 이러한 농업을 통한 안정적인 식량공급을 통해 사회계약을 바탕으로 한 조직사회가 구성될 수 있었다고 보고 있다. 과거의 수렵과 채집 단계에서 단순히 식량을 저장해서 이용하다가, 점차 경작을 통한 식량 생산단계로 변화되어 갔다고 생각된다.

루이스 빈포드(Lewis R. Binford)에 의하면 문명을 이루게 되는 부류는 먼저 일정 식량을 얻을 수 있는 지속 가능한 사회를 건설하게 되는데, 상호협력으로 수렵과 채취의 효율이 향상되면서 인구의 증가를 맞게 된다. 이러한 인구 증가에 따른 식량 수요를 해결하기 위해서 새로운 지역으로 진출할 수밖에 없는데, 이 가운데 일부는 불가피하게 한계지역으로 이주하는 경우가 생기게 되어 수렵과 채취를 통해서는 식량을 조달할 수 없게 된다. 따라서 이때 식량생산을 늘리고 공급을 계획적으로 할 수 있는 초기의 농경이 시작되었다고 추정된다. 이것이 최초의 농업혁명이다.

사회구조도 씨족에서 부족으로, 부족에서 국가로 성장하며 변화했는데 이는 추가적인 영토 확장과 노동력 확보를 통한 조직 확대를 위해 반드시 필요했다고 볼 수 있다. 결국 국가성장은 식량생산과 공급의 능력으로 제한되기 때문이다. 따라서 유기물을 투입하는 농업 등을 통한 토지 생산성 증대나 항해를 통한 식민지 확대 정책은 이러한 맥락에서 이해할 수 있다.

표 2-1 시대별 사회 및 농업 구조

시대	사회형태	농업구조
신석기	가족단위	수렵, 채집
청동기	씨족, 부족사회	재배농업
철기	군장국가	유기농업
산업혁명	근대국가	유기농업
산업사회	현대국가	고에너지농업

"번개가 잦으면 풍년이 온다"는 말이 있다. 이는 번개 덕분에 흙에 질소고정이 일어나서 토지가 비옥해지기 때문이다. 프리츠 하버(Fritx Haber)에 의해 질소고정(Nitrogen Fixation) 방법이 발견되면서 실제 식량 생산은 급격하게 증대되었고 인구도 급격하게 증가하였다. 질소비료의 공급이야말로 인류발전의 큰 획을 그은 사건이며 인류사회를 현재와 같이 변화시킨 제2의 농업혁명이라고 할 수 있다.

우리는 7월 보름을 백중이라 하고 백중사리는 밀물의 높이가 가장 높을 때를 말하는데 이때가 이앙할 수 있는 마지막 때이다. 따라서 이때까지 이앙에 충분한 물을 확보하지 못하면 그 해 농사를 지을 수 없게 된다. 대개 논농사가 가뭄 때문에 경작할 수 없게 되면 주로 고구마와 같은 구황작물을 파종하게 되는데 이는 단위면적당 재배 곡물이 생산하는 열량이 높기 때문이다. 단위면적당 열량은 쌀이 가장 높고 조, 수수, 피가 그 뒤를 잇는다. 단위면적당 생산 열량이 높을수록 단위면적당 더 많은 사람을 먹일 수 있다. 실제로 흑룡강 지역은 매우 넓은 지역이지만 농업을 하기에는 적합하지 않았기에 고구려가 한강으로 계속해서 영토를

표 2-2 작물별 단위면적당 생산량, 생산열량 및 부양가능인구[6]

구분 / 작물	10a당 수량 (kg)	100g당 열량 (cal)	헥타르당 생산열량 (kcal)*	헥타르당 부양가능 인구(인)**	열량단위당 가격(원/kcal)
쌀	451	359	16,190	17.7	415
보리	254	337	8,560	9.4	281
콩	178	410	7,298	8.0	332
고구마	2,238	113	25,300	27.7	91
감자	1,782	75	13,365	14.6	386
옥수수	630	355	22,365	24.5	129

* 1990년 작물별 평균 생산량 기준 산출

** 1인 1일 필요열량은 2,500kcal.

확장하려고 했던 이유가 되었다.

이렇게 역사를 고찰해 보면 인류의 역사가 바로 농업의 역사임을 알 수 있다. 인류문명에서 농업은 가장 중요하였으며, 식량 공급의 방법이 바로 사회 체계를 결정하는 요소였다.

또한 농업기술의 발달로 말미암은 잉여노동은 근대 산업사회의 발전에 중요한 역할을 하였다. 근대 산업발달 과정을 나누어 보면 일차 산업의 비중이 높고 토지가 중요시되는 1단계(노동집약적 산업 중심의 전기산업화), 공업화를 통하여 이차 산업의 비중이 높아지고 자본이 중요시되는 2단계, 마지막으로 삼차 서비스 산업의 비중이 높아지고 정보가 중요시되는 고도의 기술 집약적 산업이 발달하는 3단계(후기 산업화)로 나누어 볼 수 있다. 특히 그림 2-1에서 보는 것과 같이 산업혁명 이후 하버의 질소 고정으로 농업생산량이 증가하자 인구는 급격히 증가하였다. 농업에서의 잉여 노동이 도시로 진출함으로써 공업발달에 의한 과학 영농에 따라 실업화를 촉진하는 순환이 이루어짐을 알 수 있다.

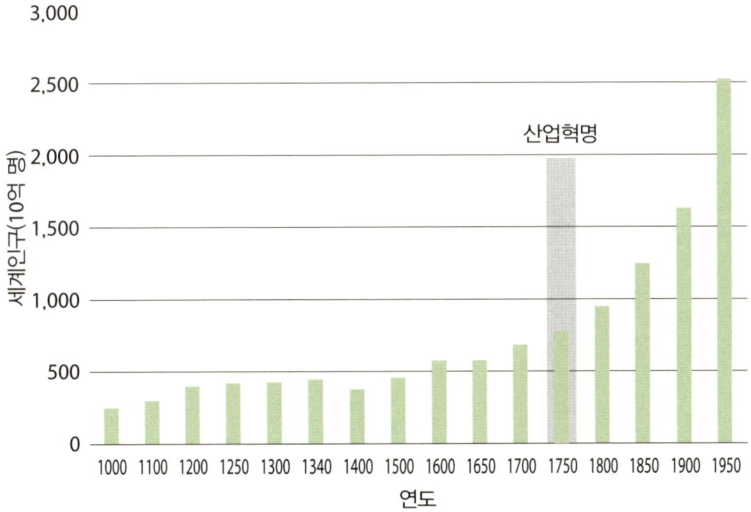

그림 2-1 산업혁명에 따른 세계인구의 증가[7]

우리나라는 1960년대까지는 농업과 같은 일차 산업이 중심이었으나, 1962~1971년 1,2차 경제개발 5개년 계획을 통하여 경공업이 발달하였고, 1972~1981년 3,4차 경제개발 5개년 계획으로 중공업이 빠른 성장을 이루었다. 또한 1990년대 이후에는 후기산업사회 특징을 나타내면서 IT 강국으로 성장했으며 이러한 산업화 과정을 거치면서 에너지 소비와 자원 수요가 급격하게 증가하고 있다.

2. 세계 농업 현황 및 농업의 중요성

전 세계가 후기 산업사회에 접어들면서 하나의 경제권과 여러 국가로 재편되고 있다. 다시 말하면 여러 국가가 국경으로 나뉘어 분권적 체제로 운영되고 있지만 경제적으로는 단일체계라는 것이다. 이미 전 세계의

표 2-3 곡물 메이저의 매출규모와 주요사업 분야[8]

(단위: 억 달러)

곡물 메이저	매출규모(2011년)		주요사업 분야
	매출액	순이익	
ADM(Archer Daniels Midland)	807	20.4	유지종자가공(분쇄, 바이오디젤 등), 옥수수 가공(감미료, 전분, 바이오제품 등), 농업서비스(판매, 수송 등), 기타(가공, 금융 등)
붕게 사 (Bunge Limited)	587	9.4	농업사업(곡물 가공 및 수송 등), 설탕 및 바이오에너지(설탕, 에탄올), 식품 및 식품첨가물(식용유, 제분 등), 비료
카길 (Cargill)	1,195	42	농업서비스, 식품첨가물 및 활용, 수집 및 가공, 위험관리 및 금융
루이 드레퓌스 (Louis Dreyfus)	596	N/A	Proteins(유지종자, 곡물, 쌀, 화물, 금융), Tropicals(주스, 면화, 커피, 설탕), Biosev(사탕수수 가공부문 세계 선두 기업), Others(금속, 유제품, 비료, 기타)

여러 국가에서 화폐 대신 전자화폐나 플라스틱 화폐가 통용되고 있으므로 서로 다른 국가에서 화폐의 종류와 가치가 배타적으로 적용되던 과거와는 달리 단지 국가 간의 경계로는 경제를 나눌 수 없게 되었다. 이런 현상은 농업에서도 찾아볼 수 있다.

지금 세계의 곡물유통은 몇 개의 곡물 메이저에 의해 이루어지고 있으며 가격 또한 이들에 의해 형성되고 있다. 다국적기업 형태인 곡물 메이저들은 이익을 추구하는 회사이기 때문에 어느 특정 국가에서 재배된 농산물을 경제적 이익에 따라 이동시킬 수가 있다. 따라서 현대 사회에서는 어느 나라의 농업문제든 세계의 작황과 경제상황에 영향을 받으므로 이를 고려해야 한다. 특히 농업생산과 관련되는 식량부문은 그 수요가 비탄력적이며, 생명 보존에 직접 연관되어 있으므로 파급효과가 매우 크다.

이러한 식량문제를 살펴보면서 가장 먼저 생각해야 할 국가는 바로

표 2-4 BRICs 국가의 1인당 육류 소비량[9]

(단위: kg)

국가	육류	2000년	2005년	2009년	2010년	2011년	2012년
중국 (China)	쇠고기	4.02	4.30	4.30	4.20	4.10	4.10
	돼지고기	31.19	34.50	36.50	38.46	37.40	38.70
	닭고기	7.40	7.72	8.99	9.37	9.70	10.10
인도 (India)	쇠고기	1.35	1.40	1.90	1.80	1.60	1.60
브라질 (Brazil)	쇠고기	34.62	35.95	37.10	37.75	38.00	38.50
	돼지고기	10.36	10.31	12.19	12.80	13.00	13.10
	닭고기	28.98	34.99	39.69	45.41	47.40	48.30
러시아 (Russia)	쇠고기	15.10	17.10	15.30	18.00	17.90	18.00
	돼지고기	11.51	16.96	21.40	20.30	21.20	21.70
	닭고기	8.83	14.98	19.15	21.20	21.90	23.10

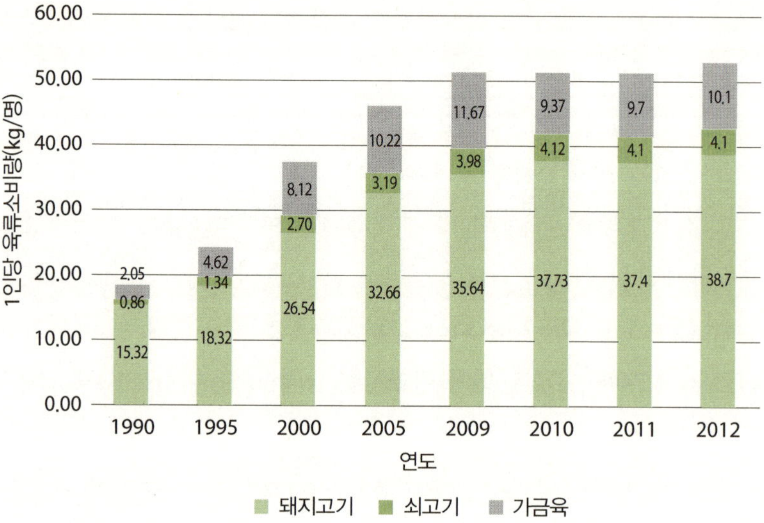

그림 2-2 중국의 1인당 육류 소비량[10]

세계에서 가장 많은 인구가 사는 중국이다. 중국은 국토면적이 959만 6,961제곱킬로미터로 미국(982만 6,675제곱킬로미터)과 비슷한 규모이지만 인구는 약 13억 6,100만 명(2013년 기준)으로 미국(약 3억 1,600만 명, 2013년 기준)의 4배가 넘는다. 이러한 중국이 최근 급격한 경제성장을 통하여 PPP(Purchasing Power Parity)기준 1인당 국민총소득이 1995년 1,517달러에서 2011년 8,304달러(IMF, Current international dollar)에 이르게 되면서 과거 곡물 중심의 식단에서 육류 중심의 식단으로 급격한 변화가 일어나고 있다. 중국의 1인당 육류소비량은 1985년 20킬로그램 정도였으나 2010년에는 50킬로그램으로 2.5배 이상 급증하였으며 사료용 곡물 수요 확대의 주요 원인으로 작용하였다. 또한 산업화로 말미암은 농업 인구의 이동 등 산업구조의 변화 등에 따라 앞으로 더욱 심각한 식량문제를 가져올 것으로 예상한다.

세계 곡물소비량 변화와 함께 관심을 둬야 할 또 하나의 현상은 바

표 2-5 세계 바이오 연료 생산량[11]

(단위: 백만 리터)

구분 \ 연도	2005	2006	2007	2008	2009	2010	2011
총 바이오연료	38,063	48,752	63,990	85,682	94,852	108,188	110,035
바이오에탄올	33,931	41,524	53,618	70,481	76,926	88,599	86,619
바이오디젤	4,132	7,228	10,372	15,201	17,926	19,590	23,416

표 2-6 세계 바이오 연료 소비량[11]

(단위: 백만 리터)

구분 \ 연도	2005	2006	2007	2008	2009	2010	2011
총 바이오연료	32,578	43,348	57,471	78,315	91,933	102,785	105,720
바이오에탄올	29,022	36,510	47,338	64,228	74,273	82,352	81,697
바이오디젤	3,555	6,838	10,132	14,088	17,661	20,433	24,023

이오에너지용 곡물 수요의 증가이다. 이는 현재 바이오연료 등과 같은 바이오에너지가 옥수수와 같은 식량작물을 기반으로 하기 때문이다. 최근 원유가격이 급격히 상승함에 따라 이로 말미암은 식량자원 등의 바이오매스 자원을 기반으로 한 바이오에너지가 경제성을 갖게 되면서 바이오연료의 생산과 소비가 빠르게 증가하고 있다.

특히, 미국은 옥수수를 주원료로 하여 바이오에탄올을 생산하고 있으며 2010년에는 옥수수의 연간 총생산량 가운데 35퍼센트 이상을 바이오에너지 생산에 소비하였다. 미국의 옥수수를 이용한 에탄올 생산의 경우, 지속적으로 일정한 수요를 창출하면서 안정적으로 높은 시장가격을 형성하고 원유수입량 감소를 통해 무역수지 개선에 효과가 있으나 장기적으로 국제 식량 공급부족의 원인으로 작용할 수 있다.

따라서 현재까지의 산업발달 과정과 자원소비 변화 등을 고려할 때 식량은 공급 속도와 비교하여 수요가 훨씬 빠른 속도로 증가하고 있어 향후 전 세계적으로 식량부족 현상이 발생할 수 있음을 예상할 수 있다.

지식 발자국

식량의 위기는 올 것인가?

인류가 농경을 시작하면서 곡물은 생명을 유지해 주는 영양의 공급처, '식량'이 되었다. 농경 기술의 발전으로 인류는 식량의 제한에서 벗어날 수 있었으나 최근 사료용, 바이오 에너지용 등 곡물 소비가 증가하면서 식량위기에 대한 우려가 커지고 있다.
식량위기를 바라보는 시각은 늘어나는 인구와 곡물의 소비를 감당하지 못하여 식량위기가 도래할 것이라는 '비관론'과 인구 증가는 정체될 것이며 기술의 발달로 식량공급에 문제가 없을 것이라는 '낙관론'의 둘로 나뉜다. 두 의견은 공급, 수요, 분배의 요인에 대해서도 각기 다른 견해를 펼친다. ① 공급 요인: 비관론에서는 경지면적이 부족해지며, 곡물 생산성도 감소하고 있고, 기후변화에 따른 빈번한 기상재해로 곡물이 점차 부족할 것이라 말한다. 하지만 낙관론에서는 현재의 초지 등을 농경지로 전환할 수 있고, 농업과 생명공학 등의 기술 발달을 통해서 단위 면적당 생산량을 획기적으로 높일 수 있다고 말한다. 우리나라의 경우, 지속해서 경지면적이 감소하고, 농업인구가 감소하는 등 비관론의 주장과 더욱 정합하는 상황에 놓여있다고 볼 수 있다. ② 수요 요인: 현재 인간과 가축, 자동차가 곡물을 놓고 줄다리기를 하는 형국으로 식량, 사료, 바이오 에너지 수요가 모두 증가하고 있어 식량이 부족할 것이라는 비관론과 식량수요 증가가 둔화하여 육류 소비가 감소하고, 곡물이 아닌 바이오에너지 원료가 개발되고 있어 식량은 부족하지 않을 것이라는 낙관론이 존재한다. 우리나라의 경우, 가축의 소비가 꾸준히 늘고 있어 곡물 소비는 꾸준히 일정량을 유지할 것으로 보인다. ③ 분배요인: 비관론은 현재 5대 곡물 메이저가 국제 곡물시장의 80퍼센트를 장악하고 수급과 가격을 결정하는 독과점 구조 속에서 식량 분배의 문제가 대두할 것으로 경고한다. 낙관론에서는 저개발국에 대한 지원이 늘고 있으며 상대적으로 우위에 집중하여 구매력을 높이면 충분히 식량을 수급할 수 있을 것이란 입장이다. 우리나라의 경우, 곡물의 자급률이 매우 낮은 실정이며, 수입 대부분을 특정 국가와 회사에 의존하고 있어 곡물 수급에 차질이 생길 수 있다는 우려가 크다.

출처: 농촌진흥청, "식량위기는 올 것인가?", 『RDA Interrobang』 23호

따라서 이후 식량은 세계를 움직이는 가장 중요한 자원의 하나가 될 것으로 판단된다.

3. 우리나라 곡물 자급률

쌀은 크게 자포니카(japonica) 계열과 인디카(indica) 계열로 나뉘는데 이 가운데 우리가 주로 먹는 쌀은 자포니카 계열에 속한다. 자포니카 쌀은 우리나라를 비롯해 일본, 대만, 중국, 터키 등에서 소비되며 전 세계 쌀 생산량 가운데 약 10퍼센트 내외를 차지한다. 특히 주요 생산지가 한국, 일본, 중국 등으로 편중되어 있어 기상악화 등에 의해 동시에 작황이 악화되는 특징이 있다.

우리나라는 1980년에 갑작스러운 냉해로 생산량이 평년작보다 36.2퍼센트 감소하여(작황지수 63.8) 수확기 가격이 28퍼센트나 상승하였다. 자포니카 계열 쌀의 수출 여력이 있는 곳은 미국 캘리포니아의 새크라멘토(Sacramento), 중국 동북부, 호주 등 매우 제한적인 지역뿐이었다. 당

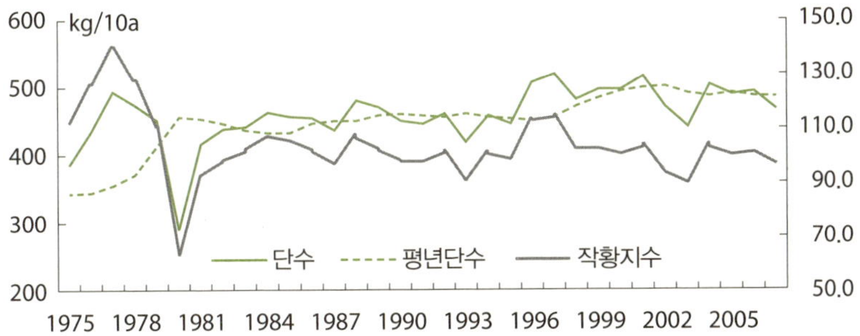

주: 작황지수 = 연도별 단위면적당 수확량 / 평년 단위면적당 수확량 × 100

그림 2-3 우리나라 쌀 작황지수 변동추이[12]

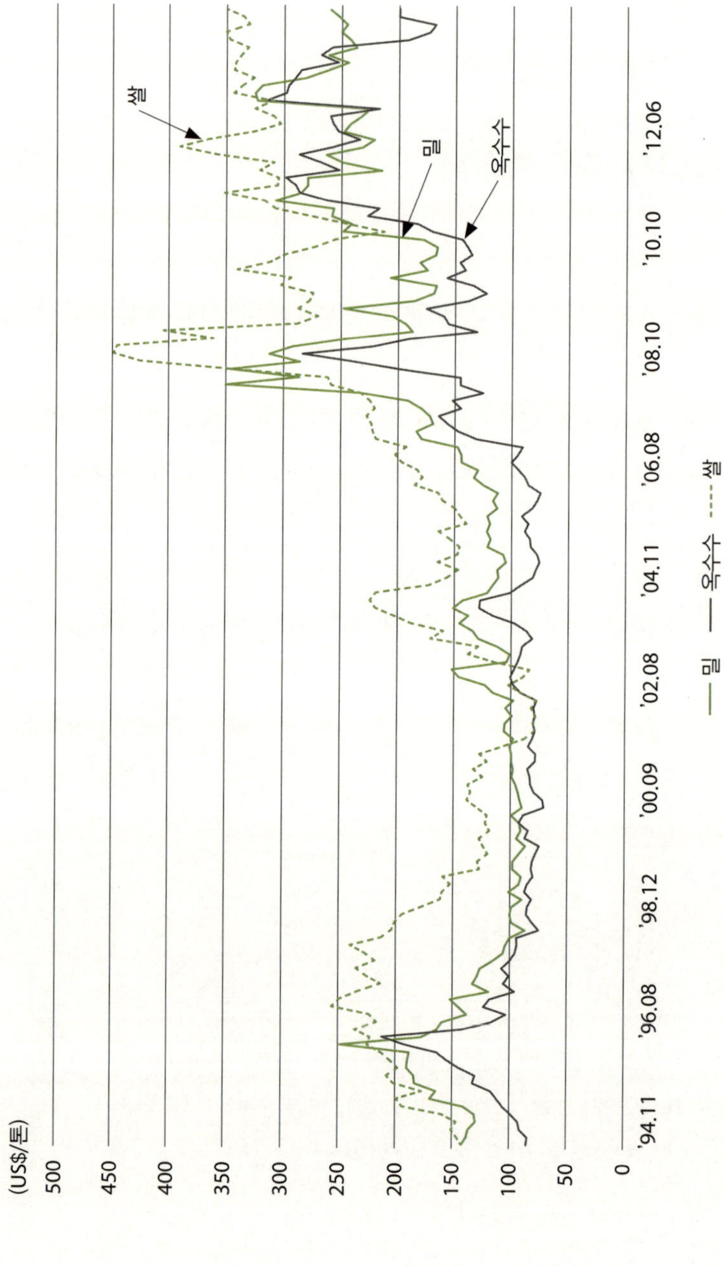

그림 2-4 최근 쌀 · 밀 · 옥수수 가격 동향[13]

시 우리나라는 일본에서 쌀을 수입하려 하였으나 미국과 일본 사이에 맺은 협정 때문에 미국으로부터 쌀을 수입하게 되었으며 이 때문에 국제 공급 쌀 가격은 세 배 이상 뛰었다. 이후 1981년부터 1984년까지 우리나라 연간 생산량의 절반인 273만 톤을 의무적으로 수입하게 되었으며, 쌀 가격 폭등에도 정해진 의무물량에 맞추기 위해 일부 물량은 우리가 소비하지 않는 장립종 쌀로 수입하기도 하였다.[10]

쌀은 생산·소비·수출이 소수 국가에 편중되어 있고, 생산량 대부분을 자국에서 소비하기 때문에 생산량 대비 교역량 비중이 약 5퍼센트 내외로 밀의 교역량 비중(19.4퍼센트)보다 매우 낮다. 또한 쌀 수출국이 독과점화되어 있어 수출국의 쌀 수급 및 교역정책에 따라 국제 시세가 크게 변동하는 특징이 있다.[10]

최근 2008년 전 세계는 곡물가격 급등으로 말미암은 애그플레이션(Agflation = Agriculture + Inflation)을 겪은 바 있다. 당시 자연재해 탓에 쌀 생산량이 감소할 것이라는 전망이 나오자 중국은 2008년 1월부터 1년간 한시적으로 밀, 쌀, 옥수수에 대해 수출쿼터를 도입하였고, 세계 2위 쌀 수출국인 베트남은 2008년 6월까지, 이집트는 4월에서 6월까지 쌀 수출을 중단하기로 하면서 쌀의 국제가격이 급속도로 상승하였다. 이에 주요 식량수입국인 필리핀, 아이티, 카메룬 등에서는 곡물부족 때문에 국가적 위기에 직면하기도 하였다.

우리나라도 사료·화학비료 구매 자금 지원, 밀·콩의 할당 관세 무관세화, 쌀가루로 밀가루를 대체하는 등의 대응책을 추진하였으며, 2012

표 2-7 우리나라 식량자급률(2010년 기준)

곡물자급률		식량자급률	곡물 자주율
사료용 포함	조사료 포함	식용곡물	국외곡물 포함
26.7	37.6	54.9	27.1

년에는 2013년 상반기 애그플레이션에 대한 우려로 정부에서는 다양한 대응책을 수립하기도 하였다. 이러한 사례들을 살펴볼 때 쌀과 같은 주곡은 단순한 시장 논리로 사고팔 수 있는 것이 아님을 알 수 있다. 한때 식량문제 해결을 위한 방안으로 추진되었던 국외농장 건설의 경우, 해당 국가에서 수출 금지령을 내리면 국외농장에서 생산된 식량은 유명무실해짐을 알 수 있었다. 실제로 러시아에서 국외로의 밀수출을 전면 금지한 적이 있으며, 중국의 현지농장도 실패했던 사례들은 이를 여실히 증명하고 있다.

현재(2012년) 미국 가뭄 등으로 말미암은 곡물가격상승 및 제2의 애그플레이션 예상으로 곡물자급률 및 식량안보에 대한 우려의 목소리가 높아지고 있다. 우리나라의 곡물자급률은 26.7퍼센트(2010년)로 OECD 33개국 중 28위이며, 쌀을 제외하고는 곡물 대부분을 수입에 의존하고 있다. 따라서 우리나라는 세계 곡물시장 변화에 큰 영향을 받는다.

4. 산업법의 특징

국내 산업법은 실질적으로 수입하는 국가의 생산 관련 산업법에는 영향을 받지 않는다. 따라서 각국의 산업법은 내부 규제로서 작용할 뿐, 실질적으로 다른 나라에 영향을 미칠 수 없다. 예를 들면 애플에서 생산되는 제품은 그 내부에는 세계 각국에서 생산된 여러 부품이 포함되어 있으며 이렇게 생산된 제품에 대해 일일이 수입하는 국가의 법으로 제재하기란 불가능에 가깝다. LG의 디스플레이에 삼성의 메모리 등 서로 다른 회사에서 생산된 부품으로 중국에서 조합된 애플 아이폰은 어느 나라의 제품으로 봐야 하겠는가? 특허에 관해서도 해당 국가의 특허 관련 법률에 저촉되는데 이는 최근 삼성과 애플의 특허 관련 소송 판례에서

지식 발자국

커피 산업과 생산유통과정

커피 산업에서 커피를 재배해서 파는 것과 커피전문점에서 커피를 내려 판매하는 것 가운데 어느 쪽이 더 수익이 높을까?

커피의 생산유통과정을 살펴보면 붉은 커피열매를 삭혀서 과육이 제거된 그린 빈을 만들고 이를 볶아서 커피 원두를 만든후 이를 갈아서 커피를 내린다. 즉 수확 이후 많은 노동력이 투입된다. 따라서 커피재배는 저개발국가를 중심으로 노동착취를 통해 형성되는 경우가 많다. 최근 공정무역 커피는 이러한 문제를 해결하려는 노력의 하나로 이해할 수 있다.

도 살펴볼 수 있다. 우리나라에서는 삼성이 미국에서는 애플이 각각 다른 이유로 승소하였다.

농산물의 경우 현재로서는 수입하는 국가에서 상품의 성분을 분석하여 규제할 수는 있지만 현지에서 사용하는 수질, 농약, 비료 등의 다양한 환경적 요소나 투입 물질에 대한 규제는 현실적으로 불가능하다. 중국에서 수입되는 절인 배추가 어떤 물을 사용하고 어떤 소금을 사용하며 어떠한 환경에서 생산되는지에 대하여 통제하기는 사실상 불가능하다고 볼 수 있다. 하지만 국가 간의 상호 협의 등을 통한 제품정보 표시 등은 가능할 수 있다. 현재 유전자 조작 농산물을 비롯하여 광우병에 대한 우려 등 각국의 먹거리에 관한 관심이 높아지면서 요구되는 기준을 다른 나라에서 어떻게 적용할 수 있을지에 대한 고민이 깊어지고 있다.

또한, 농산물은 재배되는 지역의 토양과 기후의 영향을 많이 받는다. 이러한 부분은 통제되기도 어렵고 영향에 대한 평가도 매우 어렵다. 따라서 이러한 부분을 지속적으로 연구하고 법률에 반영하는 방안에 대해 생각해 보아야 한다.

농산물은 다른 상품에 비해 대부분 유통단계가 매우 복잡하며 유통기간이 제품의 상태와 질에 영향을 미치기 때문에 유통과정은 매우 중요한 요소이다. 따라서 이러한 유통단계에 관한 산업법의 적용에 대해 이해해야 한다.

5. 농산업법의 체계

농업과 관련된 산업에 관한 법은 농업기본법을 근간으로 하여 농업, 임업, 축산업, 어업, 식품산업 등 다양한 산업에 관한 법으로 구성되어 있으며 이는 다음과 같은 체계를 구성하고 있다. 크게 산업요소인 농업, 축산업, 임업, 어업, 식품산업과 이를 위한 농어촌개발과 기반조성에 해당하는 SOC로 구분할 수 있다.

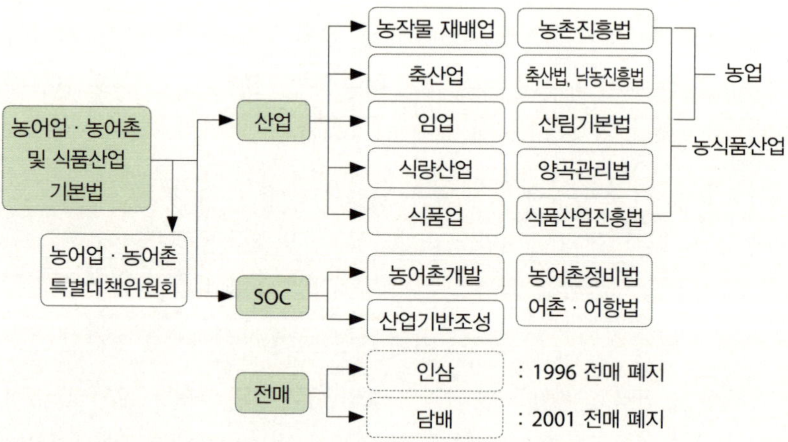

그림 2-5 농어업 · 농어촌 및 식품산업 체계

6. 농산업의 특징과 법 적용

쌀을 의미하는 '米' 자는 파종에서 수확에 이르는 동안 88번의 작업 단위가 있기 때문이라고 할 만큼 쌀은 재배와 가공에 많은 품이 드는 작물로 소개되는 때가 잦다. 쌀뿐만 아니라 농산물이나 식품은 작업의 단계가 복잡하고, 각국의 관습이 다르므로 규제와 법 적용이 매우 다르다. 그러나 이미 언급한 바와 같이 단일경제 체제화된 세계에서 법의 적용 범위를 단일국가 내부에 국한할 수 없는 경우가 많다. 예를 들면 어느 나라에서 자국법에 따라 적법하게 취급된 농산물이라 할지라도 다른 나라에서는 그 적법성을 주장하기 어려운 경우가 많기 때문이다. 마치 조세피난처같이 농산물의 생산단계에서 생산에 유리한 국가를 연합하여 법망을 피해 가는 방법이 있을 수 있다. 실제로 농산물, 가축, 식품 등과 관련한 여러 사건은 우리 삶이 농산업과 얼마나 밀접한 관계를 맺고 있는지 보여 주고 있으며 이 때문에 이러한 농산물 생산단계 통제의 한계는 매우 중요한 문제라고 할 수 있다. 광우병과 관련한 미국산 쇠고기 수입, 쓰레기 만두라는 표현이 부른 파장 등을 통하여 농산물이나 식품과 관련된 사건들이 얼마나 사회적으로 큰 영향을 미치는지를 알 수 있다.

이러한 농산업의 특징은 주요 사건들을 통해 생각해 볼 수 있다. 예를 들어 조류인플루엔자의 원인자는 누구인가? 때로 철새에게 책임을 전가하기도 하지만 실제로 원인 제공자를 정확히 밝히기도 어렵고, 처벌 또한 불가한 경우가 대부분이다. 과연 아프리카에서 우리나라에서는 금지된 농약을 사용하여 농산물을 재배하여 수출한 경우 잔류농약 수치만 허용기준치 이하라면 수입할 수 있는 것인가 아니면 재배과정에서 우리나라의 관련법 적용을 통하여 수입할 수 없는 것인가? 답은 '수입할 수 있다'이다. 산업법의 특성상 생산품의 생산과정은 생산국의 법에 적용을 받으며 최종 산물은 수입국의 생산 관련 법률에 저촉되지 않기 때문이

지식 발자국

"Made in China" iPad

애플의 i 제품군은 계속 기록을 경신할 뿐만 아니라 현대의 전 세계 공급망, 그리고 양자 간 무역적자 수치가 얼마나 의미가 없는지에 대한 중대한 교훈을 알려주고 있다. "뉴 아이패드"를 분해해 본 iFixit에 대한 월스트리트저널의 기사를 보면 아이패드의 뒷면을 어째서 "made in Earth"로 읽어야 할지 나온다. 뉴 아이패드는 더 빠른 애플–디자인의 프로세서와 더 날카로운 화면, 4G LTE로 알려진 차세대 무선 인터넷을 갖추고 있다.

호주에서 분해에 대한 기사가 올라온 후, iFixit은 캘리포니아 어바인에 있는 통신칩 전문사인 브로드컴(Broadcom)은 아이패드의 블루투스와 무선 인터넷 접근용 칩을 만들었다고 말했다. 샌디에이고에 있는 퀄컴은 LTE라 불리는 4G 통신 서비스 접속 칩을 만들었다.

iFixit은 또한 도산 신청을 한 상황인 일본의 엘피다는 아이패드용 다이내믹 RAM 칩을 공급했으며, 일본 도시바가 공급한 메모리 칩도 있음을 밝혔다. iFixit이 밝힌 다른 칩으로서는 텍사스 인스트루먼츠와 페어차일드 반도체사, 트라이퀸트 반도체사에서 나온 칩 등이 있다.

아이패드 부품 공급사 중에서 제일 눈에 띄는 곳은 삼성이다. 이미 애플의 고해상도 화면 요구에 응할 수 있는 업체는 삼성뿐이라는 보도가 나온 바 있다. 경쟁사인 샤프와 LG 디스플레이도 최근 애플의 요구사항에 맞췄다는 말이 있으며, 샤프의 부품도 곧 선적에 들어갈 예정이다.

iFixit에 따르면 현재 애플과 특허 소송에 휩싸여 있는 삼성은 애플의 3세대 프로세서, A5X의 제조업체이기도 하다. (한국 기업인 삼성은 이전에도 애플이 디자인한 휴대기기용 칩을 생산한 바 있었다.) 삼성에 따르면 올해 첫 번째 주에 칩을 제조했다는 표시를 발견했다고 한다.

iFixit의 분해를 보면 아이패드 부품 대다수는 중국이 아니라 오히려 일본과 대만, 그리고 심지어 미국이 만들었음을 알 수 있다. 이들 부품이 중국에 와서 최종 조립되는 것이다. 따라서 중국이 아이패드에 붙여주는 가치는 상당히 낮으며, 전 세계 공급업체들이 제조비용의 상당 부분을 차지한다.

월스트리트저널은 뉴 아이패드의 16GB 모델의 가격이 629달러인 데 반해 전체 부품원가가 309달러인 이유를 설명했다. 뉴 아이패드가 미국으로 들어올 때는 중국으로부터 309달러에 들어오며(게다가 이 309달러 중에서도 중국이 만들어낸 비용은 적다), 아이패드 최종 판매가의 절반 이상이 이윤에 해당한다. 즉, 가격의 절반 이상은 애플 직원과 주주에게로 간다.

인상적이다.

이러한 사실을 볼 때 "메이드 인 차이나" 아이패드, 혹은 미국-중국 무역적자 때문에 "미국 제조업의 죽음"(그래서 중국의 무역 관행에 대해 "터프"해져야 한다고 주장한다)이 일어나고 있다며 개탄하는 사람들은 실제 세계 경제가 어떻게 돌아가는지, 전 세계 공급망이 무역통계를 얼마나 가치 없게 만들어 버리는지에 대해 전혀 모르고 있는 셈이다.

이전에도 계속 말했듯, 수많은 정치가는 미국-중국 간의 무역적자야말로 중국이 우리의 양식을 갉아먹고 있다는 "증거"로 인용하고 있다. 아이포드/아이폰/아이패드의 사례로 볼 때 전 세계적인 공급망에 대한 보도가 이미 널리 이뤄졌는데도 말이다. 다시 한 번 말하건대, 이들 정치가는 완전히 멍청하거나, 아니면 완전히 의도적이라 할 수 있겠다.

난 둘 다라고 보지만 말이다.

Scott Lincicome, "Umm, Yeah, About that 'Made in China' iPad"(번역: 위민복)

출처: http://kmug.co.kr

다. 농산업의 경우 생산과 소비가 분명하게 나누어져 있으며, 국제화와 세계화로 국경을 넘어 발생하는 다양한 사건들이 존재하므로 농산업법을 적용하기 위해서는 반드시 산업의 이해가 선행되어야 한다.

사례 1. 원인자 불명으로 법 적용이 모호한 경우

• 조류인플루엔자[14]

조류인플루엔자(avian influenza, bird flu, AI)는 조류가 걸리는 전염성 호흡기 질병이다. 현재까지 알려진 모든 조류인플루엔자는 하나의 종(種)인

'A형 인플루엔자'에 속한다. 인플루엔자는 종을 넘어 적응할 수 있고, 특히 사람이 감염될 수 있기 때문에 문제가 된다. 1900년대 초에 이탈리아에서 처음 보고되었으며, 전 세계적으로 확산될 수 있다고 보고 있다. 우리나라에서 조류 인플루엔자에 의한 피해는 다음과 같다.

2003~2004년: 2003년 12월 10일부터 2004년 3월 20일까지 102일간 10개 시군에서 109건이 발생하여 가금류 500만 마리를 도살 처분하고, 도살처분보상금 등 1,531억 원의 예산이 투입되었다.

2006~2007년: 2006년 11월 22일부터 2007년 3월 6일까지 104일간 5개 시군에서 7건이 발생하여 가금류 280만 마리를 도살 처분하고, 도살처분보상금 등 582억 원의 예산이 투입되었다.

2008년: 2008년 4월 1일부터 5월 12일까지 42일간 19개 시군에서 33건(닭 22건, 오리 11건)이 발생하여 가금류 1,000만 마리를 도살 처분하고, 도살처분보상금 등 3,070억 원의 예산이 투입되었다.

2011년 충남 천안에서 2회 발생하였으며, 2014년 전북 고창에서 발생한 고병원성 조류인플루엔자는 철새가 옮긴것으로 지목되었다.

• 구제역

구제역(口蹄疫, foot-and-mouth disease, hoof-and-mouth disease)은 소와 돼지 등 가축에 대한 전염성이 높은 급성 바이러스성 전염병의 하나로 사슴이나 염소, 양과 기타 소과 가축들, 그리고 코끼리, 쥐, 고슴도치 등 발굽이 두 개로 갈라진 우제류 가축들이 감염된다.

우리나라에서 구제역의 발병으로 말미암은 피해는 다음과 같다.

2000년: 2000년 3월 24일부터 4월 15일까지 경기도 파주시, 화성시, 용인시, 충청남도 홍성군, 보령시와 충청북도 충주시 지역에서 15건의 젖소 구제역이 발생하여 총 2,216마리를 도살 처분하고, 예방접종을 시행하는 등의 대책에 총 3,006억 원의 예산이 투입되었다. 예방접종 중단

후 1년이 지난 2001년 8월 31일 구제역 청정국으로 회복되었다.

2002년: 2002년 5월 2일부터 6월 23일까지 경기도 안성시, 용인시, 평택시와 충청북도 진천군 지역에서 16건의 소와 돼지 구제역이 발생하여 총 16만 155마리를 도살 처분하는 등 대책에 1,434억 원의 예산이 투입되었으나, 예방접종은 시행하지 않았다. 8월 14일 이동제한을 해제하였으며, 동년 11월 29일 청정국 지위를 회복하였다.

2010년 1월: 2010년 1월 2일부터 1월 29일까지 경기도 포천시와 연천군 지역에서 6건의 소 구제역이 발생하여 총 5,956마리를 도살 처분하는 등 대책에 총 288억 원의 예산이 투입되었으나, 예방접종은 시행하지 않았다. 3월 23일 12시를 기하여 구제역 발생 종식 선언을 하였다.

2010년 5월: 2010년 4월 8일부터 5월 6일까지 인천광역시 강화군, 경기도 김포시, 충청북도 충주시와 충청남도 청양군 지역에서 7건의 소 및 4건의 돼지 구제역이 발생하여 총 4만 9,874마리를 도살 처분하는 등 대책에 총 1,242억 원(추정)의 예산이 투입되었으나, 예방접종은 시행하지 않았다. 6월 19일 가축 이동제한을 해제하였으며, 9월 27일 청정국으로 회복되었다.

2010년 11월: 2010년 11월 28일부터 경상북도 안동시, 예천군, 영양군, 영주시, 영덕군, 경기도 양주군, 연천군, 파주시 지역에서 소와 돼지 구제역 35건이 발생하여 총 17만 5,541마리를 도살처분하였고, 방역비 175억 원을 지원하였다. 안전지대로 알려진 강원도 춘천시, 홍천군, 횡성군, 양양군, 화천군, 원주시, 평창군과 경기도 가평군, 여주군, 인천광역시, 충청북도 충주시에서도 구제역이 발생하였다.

2011년: 2010년 말의 유행이 계속되어, 전라북도와 전라남도, 제주특별자치도를 제외한 전국에 확산되었다. 2011년 1월 9일 매몰 대상은 약 120만여 두로 증가하였으며, 백신접종 대상은 소 217만 3,000마리, 돼지 61만 1,000마리 등 모두 278만 4,000마리로 늘어났다. 1월 18일에는 도살처분된 가축 수가 200만 마리를 넘어섰다.

사례 2. 농산업의 국제화로 인한 농산업법 효력의 한계

• 자몽: "농업은 도메인(Domain) 산업이 아니다"

농산업이 국제화되면서 법 적용이 어려워진 예는 많다. 미국의 자몽이야기를 예로 들면 1960~70년대 미국 농업은 잔류성 농약을 주로 사용하였으며, 유기수은제 농약과 호르몬제제가 가장 널리 사용되었다. 자몽은 유기수은제 농약을 많이 사용하는 과일이었다. 이러한 농약이 문제가 되자 미국에서는 '미국 본토에서는 유기수은제 농약과 호르몬제재 농약을 사용할 수 없다'는 내용의 법을 제정하였다. 그러나 농약제조업체는 계속 유기수은제 농약을 생산하게 되고 이를 아프리카에 수출하였다. 아프리카에서는 이런 미국산 농약을 수입하여 자몽을 생산하여 저렴한 가격으로 미국에 수출하였다. 이처럼 부품단계, 중간재는 수입국의 생산과 관련된 법률로 규제되지 않는다.

• 농약만두 사건

2008년에 중국에서 생산되어 일본으로 수출된 냉동식품인 만두에서 고농도의 농약이 검출되었고, 만두를 먹던 대부분의 사람이 농약에 중독되었다. 이 사건으로 많은 이들이 중국산 식품에 대해 불신감을 가졌으나 2010년 3월에 중국에서 독을 넣은 남자가 체포되었다.

• 중국산 유제품 멜라민 오염 사건

2008년 중국산 유제품 멜라민 오염사건(2008 Chinese milk scandal)은 중화인민공화국에서 발생한 식품안전에 관련된 사건이다. 당시 언론은 이 사건을 주로 '멜라민 파동'으로 지칭하였다.

중국산 분유에서 멜라민이 검출되었다는 사실이 뒤늦게 알려지면서 중국산 유제품을 원재료로 한 세계 각국의 식료품에도 비상이 걸렸다. 2008년 9월 22일에 집계된 자료를 보면 중국에서 멜라민이 포함된 제품들 때문에 신장결석이나 신부전증 환자가 5만 3,000명이 발생하였고, 이 중 1만 2,800명은 입원치료를 받고 있으며 4명의 유아가 사망하였다. 멜라민은 우유에 첨가하면 단백질의 함유량을 실제보다 부풀릴 수 있기에 이전에도 종종 사용되곤 하였다. 2004년에는 중국에서 멜라민과 물을 섞은 우유로 13명의 아동이 사망하기도 하고, 2007년에도 멜라민이 첨가되어 대규모 리콜이 있었다. 가장 먼저 문제가 발견되었던 싼루사 외에도 21개 회사 제품에서도 멜라민이 검출되었다. 파동은 점점 커져 식품안전과 중국 정부의 부패에 대한 우려가 커졌을 뿐 아니라 중국산 식품에 대한 신뢰도 큰 타격을 입어 최소 11개국이 중국으로부터의 수입을 전면 중단하였다. 관련자들은 체포되었으며, 싼루 그룹의 책임자들과 몇몇 성의 관리들, 중국 국가품질감독검사총국의 책임자들은 사태에 대해 책임지라는 압력으로 사퇴하거나 해고되었다.

• 광우병

광우병 문제란 2000년대 초반부터 발생한 광우병(MCD/BSE, 소해면상뇌증) 발생사건 또는 그에 관한 공중 보건 정책, 대중매체 보도, 통상 마찰 등의 사회 문제들을 말한다. 광우병은 프라이온 질병의 일종으로 소에서 나타나는 전염병이며, 인간에게 전염되어 '변종 크로이츠펠트-야코프병(vCJD)'으로 나타날 수 있다. 이 문제는 주로 쇠고기의 경우만 중점적으로 다뤄지는 경향이 있지만, 양의 스크래피나 뇌 외과 수술에 이용되는 사람 건조 경막이 변형 프라이온에 감염되는 문제도 있다. '인간 광우병'은 인간에게 걸리는 것이고, '광우병'은 소에 걸리는 것으로 다른 것이지만, 대한민국 언론 등에서는 이를 혼용하여 '인간 광우병'을 간단히 '광우병'으로 표현하는 경우가 있다.

사례 3. 법 적용의 의미가 희석된 사례

• 불량만두 사건

2004년 대한민국에서 다수의 만두 회사가 불량한 재료로 만두를 만들다 적발되면서 벌어진 사건이다. 당시 언론은 이를 '쓰레기 만두'라 지칭하며 크게 보도했고, 만두가 한동안 거의 팔리지 않았다. 하지만 '쓰레기 만두'란 정확히 말하면 '쓰레기로 버려져야 할 단무지 자투리가 일부(30퍼센트 가량) 들어가 있는 만두소로 만든 만두'라고 해야 정확하다. 비록 가공 과정에서 불결하게 취급된 것은 사실이지만 나중에 인체에 해가 없다는 것이 밝혀졌고, 불량 만두를 제조했다고 의심받던 25개 업체에 대해 무혐의 결정이 내려졌다. 언론의 선정적 보도로 전 국민이 만두를 멀리하고, 파는 먹을거리를 불신하게 되었고, 결국 한 만두 회사 사장이 자살까지 하는 등 사건이 일파만파로 확산되었다.

7. 우리나라의 농산업법의 성격과 구조

우리나라의 농산업법은 행정법이면서 산업법적인 특징을 모두 가지고 있다. 그러나 미치는 효력의 범위가 일반법이나 행정법과 같은지는 한 번 더 생각해 볼 필요가 있다. 일반적인 생각으로 행정법은 어떠한 행정행위에 한하여, 영토 내의 자국민에게 효력을 미치지만 농업은 이러한 범위 밖에서 일어나는 일들이 더 많기 때문이다. 따라서 산업의 세계화 그리고 농산물이라는 독특한 대상에 적용되므로 산업에 대한 이해가 우선해야 한다. 광의의 농산업법은 농산업법, 축산업법, 임업법, 어업법, 식품산업, 국제농업규약을 모두 포함하며, 입법 목적에 따른 정의로는 농업 및 농민의 특수성에 기초해서 생성되고 입안된 법의 총체를 말한다.

또한 농업 및 농민의 특수성에 기초한 법으로 다음의 농업 및 농민에 대한 고려를 찾아볼 수 있다. 첫째, 농산업은 농업경영과 가계경영이 혼재되어 있다. 다시 말하면 다른 산업과는 달리 산업종사자가 산업에 종사하여 얻은 이익을 산업과는 별도로 가계를 유지하는 것과는 달리, 농업에 이용되는 노동력이 가족인 경우가 많아 급여와 생산이익을 구별하기 어렵고, 가계산업의 특징인 근무와 비근무 등을 논하기 어렵기 때문이다. 또 작물의 재배 절차나 행위를 정확하게 구분하기 어려우므로 구체적인 계약이나 가격을 산정하기가 어려워 포괄적이며 관습적인 관념을 기초로 제정되는 경우가 많다. 둘째, 농산물의 수요 및 공급은 대부분 비탄력적이다. 식량을 비롯한 농산물 대부분은 대체할 수단이 많지 않기 때문에 시장에서의 선택폭이 제한적이어서 급격한 공급의 확대나 축소가 가격의 폭락이나 폭등을 유발하므로 시장기능을 통해 목적을 달성할 수 없는 경우가 많다. 셋째, 농산물은 가격 통제가 매우 어렵다. 식량은 인간의 생존과 직결되므로 과도한 이익을 남기는 것도, 과도한 손실로 농업생산기반이 훼손되는 것도 허용할 수 없기 때문이다.

농산업법은 농어업에 대한 선언적, 이념적 규정을 포함하며 농어업 분야의 헌법적 성격을 가지는 「농어업·농어촌 및 식품산업 기본법」을 필두로 각 산업 분야별로 기본법 성격을 갖는 법들로 구성되어 있다. 산업분야별 하위 기본법 성격의 법은 「농지법」, 「산림기본법」, 「축산법」, 「수산업법」, 「농어촌정비법」, 「식품산업진흥법」, 「농수산식품유통 및 가격안정에 관한 법률」 등이 있다. 개별 조문에 관련되는 법률은 구조상 농어업·농어촌 및 식품산업 기본법의 하위적 지위로 체계화되어 있으며, 특별법/촉진법으로는 「자유무역협정 체결에 따른 농어업인 등의 지원에 관한 특별법」, 「농어업인 삶의 질 향상 및 농어촌지역 개발촉진에 관한 특별법」 등이 있다.

지식 발자국

우리나라 농업 미래를 위한 생각

토인비는 『역사의 한 연구(*Ages of History*)』*에서 변화에 대한 도전과 응전의 과정을 통해 문명이 발전하는 과정과 흥망성쇠의 과정을 설명하고 있다. 도전에 순응하는 것은 생존은 가능할지 모르지만, 문명의 발달이나 발전을 가져오지 못하며 오직 도전에 대한 응전 과정을 통해 문명이 발달할 수 있다고 이야기하고 있다.

이 책에서 인류 최초의 문명의 모티브를 기원전 십만 년 빙하기 이후에 발생한 아프리카의 사막화라는 도전을 극복한 인류 응전으로부터 구하고 있다. 이 과정에서 북쪽과 남쪽이 서로 다른 길을 걷게 되는데 남쪽은 남아서 자연에 순응하는 편을 택하여 일부는 사막화로 멸종되고 다른 일부는 적응하여 에티오피아의 오모키비시(Omo Kibish)와 수르마로 적응하여 생존했지만 북쪽은 카자흐스탄, 파키스탄, 우즈베키스탄, 키르기스스탄을 거쳐 몽골과 인도로 나누어지고 이후 지중해를 건너 유럽까지 진출하게 된다. 자연변화에 순응하고자 했던 쪽과 응전하여 개척하고자 한 쪽이 수십 세기를 거치며 어떻게 변화되어 왔는지를 살펴볼 수 있다.

풍요로운 사하라 지역의 초목지가 기후변화에 따라 건조화되면서 아프리카의 동쪽 계곡의 인류 발상지에 살던 인류의 조상은 먼저 종전의 기후와 유사한 곳을 찾아 동쪽계곡을 떠난 그룹과 변화된 동쪽계곡을 버리지 못한 그룹으로 나뉘었다고 한다.

그 후 동쪽계곡에 남아 있던 그룹은 종전의 생활양식을 고집한 부류와 생활양식을 기후에 맞게 변화시켜간 그룹으로 나뉘게 되는데 기후변화에 무저항으로 대처한 종족은 결국 멸망에 이르렀고, 생활양식을 변화해 나간 소극적인 응전자들은 현재 사막족 또는 베두인 족으로 남아 있다. 동쪽계곡을 떠난 족속은 크게 북쪽으로 이동한 그룹과 남으로 이동한 그룹으로 나뉘는데, 남으로 이동한 그룹은 사하라 사막의 남단에서 종래의 생활양식을 지키며 살아가고 있는 현대의 아프리카인이 되었다.

북쪽으로 이동한 그룹은 뜻밖에 찬 날씨와 맞닥뜨리면서 선택을 강요받게 된다. 이 도전에 따라 사막주위에 머물면서 생활습관을 유지하는 선택을 한 부류와 추운 날씨에 적응해 가며 새로운 문명을 이루어간 부류로 나뉘게 되고, 이 적극적인 응전을 택한 인류의 조상이 이후 역사의 주류가 되며 세계의 문명을 이루게 된다.

미래학자 제레미 리프킨은 이 과정을 물리학의 '엔트로피 법칙'을 이용하여 설명하고 있다. 엔트로피는 '가능성의 무질서로의 변화'라고 설명할 수 있다. 엔트로피가 낮은 철광석으로 바늘을 만들고 이러한 바늘이 쓰다 없어지거나 사용할 수 없게 되는 경우 엔트로피 즉 무질서가 증가하게 되는 것이다. 즉 원재료인 철광석이나 바늘의 철성분이 그 총량은 변함없이 꼭 같겠지만 바늘을 다시 모아서 철광석으로 사용할 수는 없다는 것이다. 이러한 엔트로피는 계속 증가하나 연속적으로 증가하지 않고 필요에 의해 계단식으로 증가하는 형태를 가지고 있다. 문명의 발단이 지속하면 이렇게 엔트로피가 증가하고 궁극에서 종말을 맞는다고 이야기한다.

우리에겐 도전이 필요하다. 우리나라의 농업은 실패했는가? 도전이 없어서 실패도 없었다는 말이 더 맞는 말일 것이다. 농사를 더 짓자는 말이나 농민이 더 필요하다 혹은 유기농을 하자는 말들이 해결책이 될 수 있을 것인가? 경자유전이 해답일까?

우리나라 농업은 위기를 맞고 있다고 말할 수 있다. 첫 번째 위기는 농촌의 공동화 현상이다. 많은 사람이 '안 되면 농사나 짓지.'라고 말하지만 농촌의 인구는 계속 감소하고 있으며 고령화되고 있다. 둘째, 정부지원에 한계가 있다. 정말 오랜 기간 많은 지원을 하였지만 실제 농업에 종사하는 누구도 이러한 지원을 피부로 느끼기 어렵다. 셋째, 농업에 대한 연구가 미흡하다. 농업에 대한 공부가 무엇인지 다시 생각해 봐야 한다.

---

* 필자는 토인비의 『역사의 한 연구(*Ages of History*)』를 꼭 읽어 볼 것을 추천한다. 이 책은 세상을 이해하는 데 큰 도움이 되며 공산권은 반드시 망할 수밖에 없음을 예측하고 있다. 단 우리나라를 일본 문명권에 포함시킨 점은 아쉬움으로 남는다.

3

통계로 본 우리나라의 농업 농촌

농업은 고대 상고시대부터 이어온 산업이고, 나라의 정체와 국체를 결정하는 중요한 요소로서 시간과 공간의 변화에 따라 다양하게 변화해 왔다. 이 장에서는 통계를 통하여 농업의 변천 과정과 농산업법 제정의 당위성 및 앞으로의 변화 가능성을 살펴보고자 한다.

과거부터 농업은 자급자족을 위한 산업이었으며 기본적으로 시장실패 산업으로 인식되어 왔다. 이 때문에 헌법과 법률은 농업을 보호하고 육성해야 한다고 규정하고 있으며, 농산물은 단순히 판매하는 상품이라는 인식이 상대적으로 적다고 볼 수 있다. 3장에서는 통계를 바탕으로 우리나라의 농업이 어떻게 변화해 왔고 농촌은 어떻게 달라져 왔는지 살펴보도록 하자. 특히 통계를 통하여 고령화로 인한 우리나라 농촌문제의 심각성을 살펴볼 수 있다.

1. 농업의 과거

먼저 우리나라 농업의 과거를 통해 현재 헌법과 법률에서 규정된 농업을 이해하고자 한다. 과거 우리나라는 해방 이후 대부분의 농지가 소작이라는 영농형태로 경작되었으나 이후 농지개혁법을 통해 현재의 틀을 갖추었다고 볼 수 있다.

소작제란 "농지의 소유자가 농지를 타인으로 하여금 경작하도록 하고 총 수확 중의 일부 또는 반수를 받기로 하는 경작 형태"이다. 대법원의 판례에 따르면 타인으로 하여금 경작을 하도록 하는 경우에 그 계약 내용이 경작자가 그의 비용으로 자기 책임하에 경작하도록 한 것이라면 농감, 위임계약, 기타 명칭 여하에 불구하고 소작으로 본다고 판단하고 있다(대법원 판례 1955.8.4. 선고4287 민상362).

통계자료를 살펴보면 1945년 말 당시 우리나라 농민은 절반 가까이가 소작농임을 알 수 있으며, 우리나라의 농지 소유현황을 살펴보면 소작농(소자작농 포함)이 전체 농민의 66.9퍼센트를 차지하는 것을 알 수 있다. 특히, 2헥타르 미만의 농지가 90퍼센트 이상으로 영세한 면적의 소작이 주요 영농 형태였음을 보여 주고 있으며, 1헥타르 미만의 영세한

표 3-1 농지의 소유상황(1945년 말)[15]

(단위: 호, %)

소유상한 (ha)	자작	자소작	소자작	소작	피고용농	합계	비율
10이상	75	49	45	73		242	0.0
5~10	936	1,188	1,089	2,186		5,399	0.3
3~5	7,231	8,653	8,198	17,349		41,431	2.0
2~3	23,048	30,534	30,583	70,406		154,571	7.5
1~2	64,079	87,433	94,402	213,529		459,443	22.2
0.5~1	92,543	111,653	126,768	340,222		671,186	32.5
0.5미만	98,912	100,323	116,591	360,979		676,805	32.8
피고용농					56,400	56,400	2.7
합계	286,824	339,833	377,676	1,004,744	56,400	2,065,477	100.0
비율	13.9	16.5	18.3	48.6	2.7	100.0	

규모도 65퍼센트 이상에 달했다.

특히, 대부분의 농민인 소작농의 소작료 내역을 살펴보면 수확한 곡물의 85퍼센트 이상이 여러 항목을 통해 지주의 몫이 됨을 알 수 있다. 이는 경자유전의 원칙을 1948년 헌법에서 규정할 수밖에 없는 가장 큰 이유 중 하나라고 볼 수 있다.

이러한 소작의 폐해를 없애기 위해서 해방 이후 남한은 「농지개혁법」 시행으로 농지채권을 발행하여 소유상한 면적 이상의 농지를 국가가 취득하였으며, 이에 반하여 북한은 국가가 농지를 몰수하여 협동농장 체제로 농지를 운영하였다.

해방 이후 남한의 토지개혁을 추진했던 사람은 농림부 1대 장관을 지낸 조봉암 장관으로 소수의 대지주들에게 집중되어 있던 토지를 분배하고자 하였다. 이를 위해 당시 공산당식 농지몰수라는 비판이 있었던 '무상몰수 무상분배' 방안 대신 '유상몰수 유상분배'와 '무상몰수 무상분배'를 적절하게 혼합한 농지개혁을 단행하였다. 이때 보상비용은 평년

표 3-2 소작료 내역(미곡수확고 중 지주공제액)[15]

구분	전액	산출내역
총수확고	정조 77석	반당 평균 수확량 3.5석
	1,386원	석당 18원
소작과전	831.6	전: 6할
소작과답	34.0	답: 5할(보리 석당 16원)
가옥연부상환금	10.0	과당 100원
연 이자	2.0	10년간 연상환금
농우연부상환금	40.0	두당 200원
연 이자	4.0	5년 상환
비료대	113.0	50%부담 해당액
연 이자	22.4	
종자대	24.0	
전 대식량대	60.0	(작년식량)
비황저곡	50.0	흉작에 대비 비축
계	1,191.8	
차인잔곡	194.2	총수확고의 14%

작의 1.5배 가격으로 하고, 1.5배의 상환으로 토지개혁이 이루어졌으며, 농민은 3~10년에 걸쳐 상환할 수 있도록 하였다. 이로써 농민이 토지를 싼 가격에 취득할 수 있게 되어 정착하게 됨으로써, 이후 사회 안정에 크게 기여하게 되었다.

2. 경제성장과 산업의 변화

우리나라의 산업별 인구와 GDP 변화를 살펴보면 1970년에는 농업이 총 GDP의 29퍼센트를 차지하고 농업인구는 46퍼센트, 농촌인구는 59

표 3-3 농업인구와 산업별 GDP

[단위: 백만 명(%), 조 원(%)]

연도	1970	1975	1980	1985	1990	1995	2000	2005	2010
전국인구	31	35	37	40	43	45	46	47	48
농촌인구	19(59)	18(52)	16(43)	14(35)	11(26)	10(21)	9(20)	9(19)	9(18)
농업인구	14(46)	13(38)	11(29)	9(21)	7(15)	5(11)	4(9)	3(7)	3(6)
총GDP	3	10	39	86	191	410	603	865	1173
농림어업	0.8(29)	3(27)	6(16)	11(13)	17(9)	25(6)	28(5)	29(3)	31(3)
광공업	0.6(20)	2(24)	10(26)	24(28)	52(27)	111(27)	173(29)	241(28)	358(31)
건설·서비스업 등	1.4(51)	5(49)	23(58)	50(59)	122(64)	273(67)	402(67)	596(69)	784(67)

퍼센트로 농업과 농촌이 전체 산업 측면에서 매우 중요한 역할을 하였음을 확인할 수 있다. 이후 농업인구와 농촌인구는 지속적으로 감소하여, 2010년 농업인구는 전체인구의 6퍼센트까지 줄어들었고 농촌인구는 18퍼센트까지 감소하였다. 하지만 1990년 이후 농촌인구는 약 20퍼센트 정도로 안정기에 접어든 것으로 판단되나, 농업인구는 계속해서 감소하고 있으며, 이 가운데 실제 농업인구 중 전업농의 수는 더욱 적을 것으로 판단된다.

우리나라와 중국, 홍콩, 일본, 필리핀, 미국의 1980년과 2010년 GDP를 비교해 보면(표 3-4) 우리나라가 30년 동안 비약적으로 경제발전을 이룩한 것을 확인할 수 있다. 특히 2010년 PPP 기준 GDP를 살펴보면 이스라엘이나 일본과 거의 비슷한 수준으로 성장하였음을 보여 준다. 이러한 경제적 발전은 영농기술의 발전과 생산성 증대로 농업인구가 2, 3차 산업인구로의 전환이 가능하였기에 가능한 것이다.

표 3-4 주요국 GDP 비교[16]

구분	GDP*(billion $)			PPP기준 GDP($)		
	1980년(A)	2010년(B)	B/A	1980년(A)	2010년(B)	B/A
중국	202	5,745	28.38	251	7,518	29.97
홍콩	29	226	7.86	6,665	45,277	6.79
이스라엘	23	201	8.89	7,279	29,405	4.04
일본	1,059	5,391	5.09	8,378	33,828	4.04
한국	64	986	15.32	2,301	29,791	12.95
필리핀	32	189	5.83	1,247	3,726	2.99
미국	2,788	14,624	5.25	12,249	47,132	3.85

*GDP: Gross domestic product, current prices(U.S. dollars, billion)
**PPP 기준 GDP: 각국의 통화단위로 산출된 GDP에 각국의 물가수준을 함께 반영.
IMF(2010) 참고하여 저자 재정리.

3. 우리나라 농촌 · 농업 · 농가 현황

우리나라 농업·농촌인구는 지속적으로 감소하면서 고령화되는 특징을 보이고 있다. 이는 출산과 이주를 통해 유입되는 인구 없이 사망이나 이주를 통한 유출이 지속되면서 기존 농업·농촌인구가 고령화되고 있는 것이다.

표 3-5에서 볼 수 있듯이 1995년 농가인구 비율은 11퍼센트에서 2010년 6퍼센트로 줄어들었으며, 65세 이상 비율은 16퍼센트에서 32퍼센트로 2배 증가하였다. 이러한 고령화 현상은 2000년도에 중남부에 집중되어 있었으나 2010년에는 수도권을 제외한 전국에 걸쳐 높아지고 있으며, 특히 백두대간 등 산간지역을 중심으로 급격히 증가하고 있다.

그림 3-2는 2005년 이후 농업분야에는 새로운 인구의 유입이 정지되고 전체 농민이 고령화되고 있음을 보여 준다. 수명이 한계가 있기 때

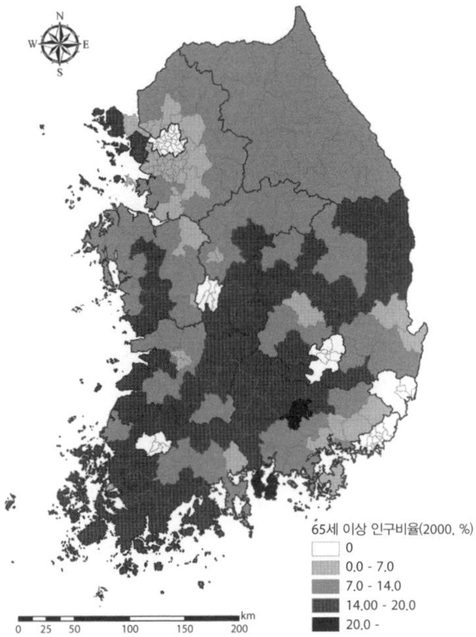

(a) 2000년 고령인구비율

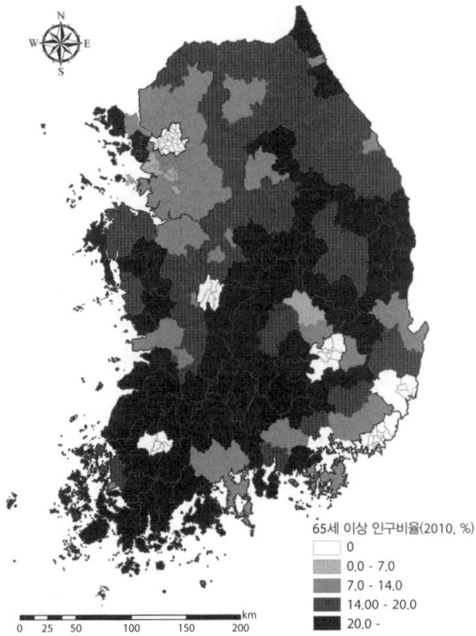

(b) 2010년 고령인구비율

그림 3-1 우리나라 고령화 진행 현황

문에 2020년경에는 대폭적인 인구감소(인구절벽)를 맞을 수도 있다고 판단된다.

표 3-5 농업 · 농촌 인구

(단위: 천 명, 천 호, 명, %)

연도	1995	2000	2005	2010
총인구	44,554	45,985	47,041	47,990
– 농가인구	4,851	4,031	3,434	3,063
(구성비)	(10.9)	(8.8)	(7.3)	(6.4)
– 60세 이하	(83.8)	(54.8)	(70.9)	(65.9)
– 65세 이상	(16.0)	(21.7)	(29.1)	(31.7)
– 호당농가인구(명)	3.13	2.91	2.68	2.60
총가구수	12,958	14,311	15,887	17,339
– 농가수	1,502	1,383	1,280	1,177
(구성비)	(11.6)	(9.7)	(8.1)	(6.8)

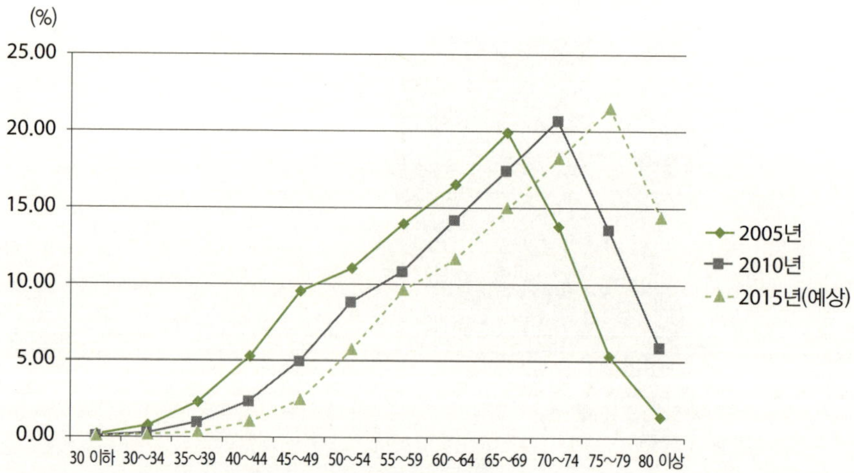

통계청(2005, 2010 농림어업총조사): 농업/임업 종사자 가구주 대상

그림 3-2 농촌(군-면지역) 연령대별 인구분포 추계(2005~2015)

표 3-6 농가경제 현황(호당평균)

(단위: 천 원)

연도	1995	2000	2005	2010
농가소득(A)	21,803	23,072	30,503	32,121
– 농업소득	10,469	10,897	11,815	10,098
– 농외소득	6,931	7,432	9,884	12,946
(구성비 %)	(31.8)	(32.3)	(32.4)	(40.3)
– 이전수입	4,403	4,743	4,078	5,610
도시근로자소득(B)	22,933	28,643	39,010	43,843
(A/B)	(95.1)	(80.6)	(78.2)	(73.3)
농가부채	9,163	20,207	27,210	27,210
– 금융기관	8,364	19,106	22,768	21,920
(구성비 %)	(91.3)	(94.6)	(83.7)	(80.6)
– 개인차입	799	1,101	4,442	5,290

농가의 수는 지속적으로 감소하고 있으며, 이러한 농가의 경제현황을 살펴보면 농외소득이 상대적으로 많이 증가하고 있지만, 도시근로자소득대비 73퍼센트(2010년 기준) 수준으로 도시에 비해 경제적으로 열악한 상태임을 보여 주고 있다. 또한, 농가부채의 경우 1995년과 2000년 사이에 3배 가까이 대폭 늘어난 것을 알 수 있으며, 이후에도 지속적으로 증가하고 있다.

그림 3-3은 농촌가구주 연령에 따른 가구당 수익을 나타낸 것이다. 인구가 가장 많은 70~74세의 농가는 40대 가구주 농가수익의 4분의 1에 불과하며 연령이 높아질수록 수익은 줄어든다. 이는 귀농 등의 정책이 농촌경제 활성화와는 거리가 있을 수 있음을 알려 준다.

농가부채는 1970년 이후 급격히 증가해 왔다. 1970년에서 80년까지 10년 사이에 농가부채는 1만 6,000원에서 33만 9,000원으로 2,000퍼센트이상 증가하였고 이후 90년까지 473만 4,000원, 95년까지 916만

3,000원으로 가파르게 증가하였다. 또한 이후에도 매년 꾸준히 증가하여 2006년에는 가구당 부채가 2,816만 1,000원에 이르렀다.

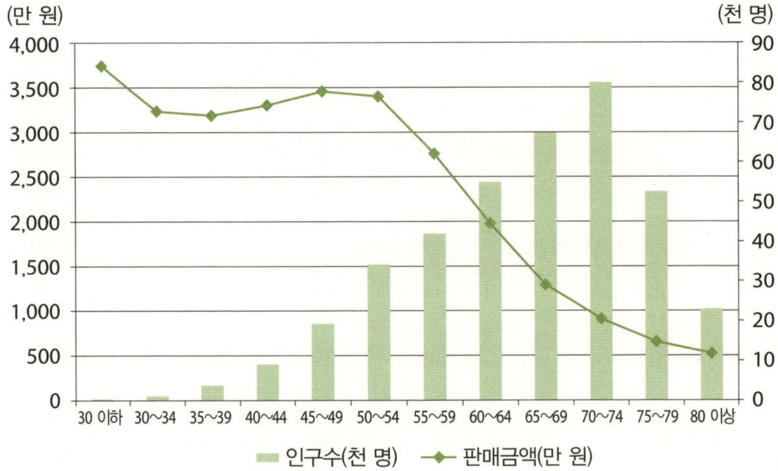

통계청(2010 농림어업총조사): 축산, 어업 제외

그림 3-3 농업종사자 연령별 소득 현황(2005~2015)

표 3-7 농가부채 현황

(단위: 천 원)

연도	계	차입처				용도			
		금융기관			개인	농업용	가계용	겸업용	기타용
		계	농협	기타					
1970	16	6	5	1	10	7	7	1	1
1980	339	173	165	8	166	191	112	14	21
1990	4,734	4,078	3,857	221	656	2,639	1,015	162	919
1995	9,163	8,364	7,364	1,000	799	6,351	1,110	403	1,598
2000	20,207	19,106	17,161	1,945	1,101	12,153	3,882	1,336	2,835
2005	27,210	22,768	–	–	4,442	16,315	6,614	1,386	2,894
2010	27,210	21,920	–	–	5,290	12,930	7,330	3,453	3,497
	(100)	(80.6)			(19.4)	(47.5)	(26.9)	(12.7)	(12.9)

표 3-8 농촌 투자와 농가부채

(단위: 조 원)

연도	부채			융자	비고
	계	생산성	가계성		
1992	9	7	2	0	국고 62조의 내역
1998	24	18	6	16	– 보조 39조, 융자 23조
2003	33	23	9	7	– 지방비 10조, 자부담 10조

이러한 농가부채 증가 원인으로 농어촌발전종합대책으로 투자된 국고 62조 원(보조 39조, 융자 23조), 지방비 10조 원, 자부담 10조 원 가운데 보조사업인 농촌 내 기반 조성(도로, 용수개발 등) 및 시설영농지원(온실 등, 약 3조)에 투자된 32조 원을 제외하고 융자로 23조 원이 지원되면서 정부의 투자가 실질적인 농업에 대한 투자보다는 대부분이 농가부채로 전환되었음을 확인할 수 있다.

과거 1980년대까지 농림어업의 산업성장 기여율은 170퍼센트 이상으로 다른 산업에 비해 매우 높았으나 90년 이후 급격히 낮아졌다. 반면 서비스업의 경우 80년대에 마이너스 115퍼센트에서 이후 2010년에는 41.9퍼센트로 마이너스 5.7퍼센트를 기여한 농림어업 부문과 극명한 대

표 3-9 산업별 성장 기여율[17]

연도	성장 기여율(%)				
	농림어업	광공업	전기가스수도	건설업	서비스업
1980	177.8	16.1	−11.7	22.6	−115.1
1990	−5.4	20.7	3.0	25.5	43.1
1995	3.0	27.1	1.3	8.7	43.9
2000	0.7	48.6	3.3	−3.4	35.7
2005	0.6	47.2	4.5	−0.2	37.8
2010	−5.7	49.1	3.7	−5.7	41.9

표 3-10 주요 국가 농업통계 비교(2010년 기준)

구분	한국	일본	중국	미국
농가인구(만 명)	306	697	79,400	3,200
총인구대비(%)	6.3%	5.5	58.9%	1.7
GDP대비 농업 비중(%)	2.6	1.4('07년)	15.2	1.1
농경지면적(농가당 ha)	1.45	–	0.61	
1인당 경지면적(ha)	0.035	0.036		0.512

조를 이루었다.

국가 농업통계로 일본, 중국과 비교해 보면 우리나라 농가인구의 비율은 일본과 비슷한 수준이며, 농림어업 비중은 일본, 미국보다 조금 높은 수준이다. 반면 중국은 농가비율(58퍼센트)이나 농업이 차지하는 비중(15퍼센트)을 볼 때 여전히 농업 국가인 것을 알 수 있다.

한편 농지의 가격은 경자유전의 원칙에 의해 가격이 억제되는 측면이 있음에도 꾸준히 상승해 왔으나 농업진흥지역 내의 농사를 짓기에 좋은 우수한 농지의 가격이 상대적으로 비옥하지 못한 농업진흥지역 밖의 농지보다 싼 것을 알 수 있다. 이는 향후 개발의 가능성 측면을 고려했을 때 상대적으로 비옥하지 못한 땅의 경우 개발가능성이 더 높기 때문인 것으로 볼 수 있다.

표 3-11 농지가격 동향[18]

(단위: 원/㎡)

구분	농업진흥지역 내		농업진흥지역 외	
	논	밭	논	밭
1996	7,411	9,239	9,592	12,051
2000	11,365	12,802	12,262	15,216
2005	18,829	25,095	21,236	28,280
2006	19,579	25,280	23,640	30,068

주: 양곡 연도(전년 11월 1일부터 당년 10월 31일까지) 기준임.

표 3-12 식량자급도[18]

(단위: %)

연도	전체	쌀	보리쌀	밀	옥수수	콩류	감자류	기타
1970	80.5	93.1	106.3	15.4	18.9	86.1	100.0	96.9
1980	56.0	95.1	54.6	4.8	5.9	35.1	100.0	89.8
1990	43.1	108.3	97.4	0.1	1.9	20.1	95.6	13.9
1995	29.1	91.4	67.0	0.3	1.1	9.9	98.4	3.8
2000	29.7	102.9	46.9	0.1	0.9	6.4	99.3	5.2
2005	29.4	99.4	60.0	0.2	0.9	9.7	98.6	10.0
2010	27.6	83.0	43.0	1.1	0.8	6.4	98.5	5.0

주: 양곡 연도(전년 11월 1일부터 당년 10월 31일까지) 기준임.

우리나라의 식량 자급률은 꾸준히 감소하여 과거 1970년대에는 80퍼센트 이상이었으나 현재는 24퍼센트 정도까지 급감하였다. 주곡인 쌀의 경우 여전히 자급률이 100퍼센트가 넘는 반면, 밀이나 옥수수의 경우에는 1퍼센트에도 미치지 못하고 있다. 특히 쌀의 자급률이 유지되는 이유가 경지면적과 생산성을 유지해서가 아니라 소비량이 줄어서 발생된 현상임을 고려할 때 모든 식량작물의 생산량은 꾸준히 감소해 왔음을 알 수 있다.

4. 국제 통계

국제적으로 곡물가격은 다른 공산품들과 달리 생산과 소비가 비탄력적이기 때문에 외적 요인에 의한 가격 변동 폭이 매우 큰 특징이 있다. 특히 최근 2008년과 2010년의 옥수수, 밀, 쌀 등의 주요 곡물 가격 폭등은 향후 식량시장 가격 상승에 대한 가능성을 보여 준 예라 하겠다. 또한 작물 재배환경이 기후변화 등으로 인한 가뭄이나 홍수에 영향받을 가능성

표 3-13 주요국의 1인당 육류 소비량(2010년 기준)

(단위: kg)

	미국	호주	브라질	EU	한국	일본
쇠고기	38.5	35.3	37.3	16.7	12.9	9.5
돼지고기	27.2	22.1	12.7	41.8	31.3	19.2
닭고기	42.1	34.99	39.26	17.7	14	15.6

이 높아 이러한 문제가 실제 현실로 다가올 가능성이 매우 높다.

또한 중국의 경제 성장에 따른 육류 및 유제품의 소비 증가는 곡물 소비를 가파르게 증대시키고 있다. 과거 중국의 경우 1인당 고기 소비량, 특히 쇠고기에 대한 소비량이 미국과 같은 선진국에 비해 매우 적었으나 경제성장을 통해 소득수준이 높아지면서 쇠고기를 비롯한 육류의 수요량이 급격히 증가하면서 곡물소비량도 빠른 속도로 증가하고 있다. 이

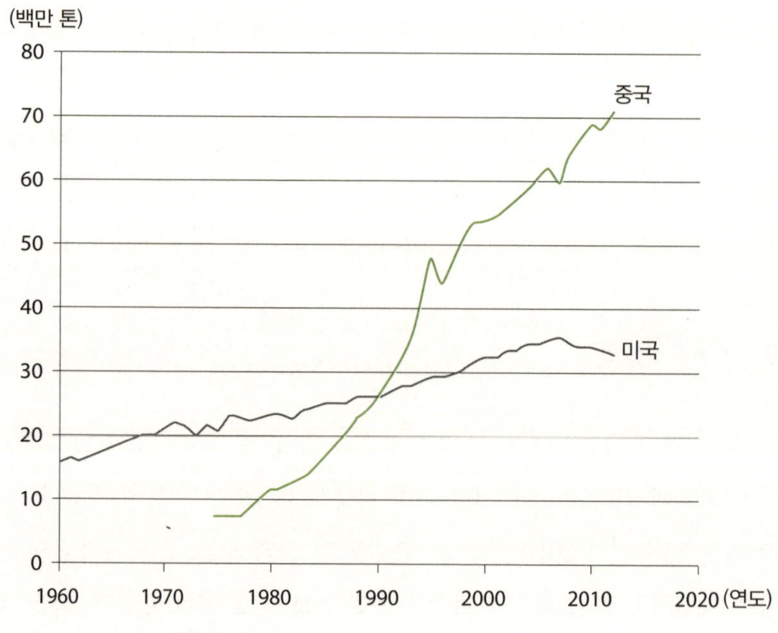

그림 3-4 미국과 중국의 육류 소비 변화(1960~2012)[19]

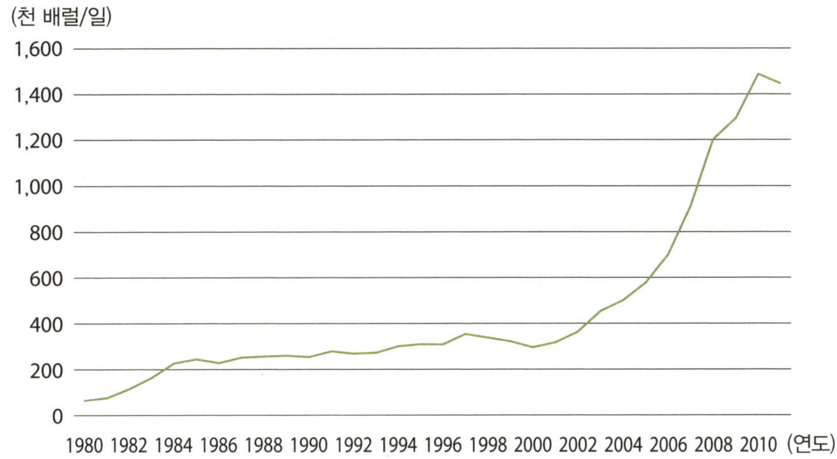

그림 3-5 바이오에탄올 일일생산량 연간 추이[20]

는 식육 1킬로그램을 생산하는 데 쇠고기의 경우 11, 돼지고기의 경우 7, 닭고기는 4킬로그램의 사료가 필요하기 때문이다. 즉, 육류 소비가 확대될수록 곡물소비는 빠르게 증가하게 된다.

이와 함께 유가상승으로 인한 바이오에너지 수요 증가로 인하여 에

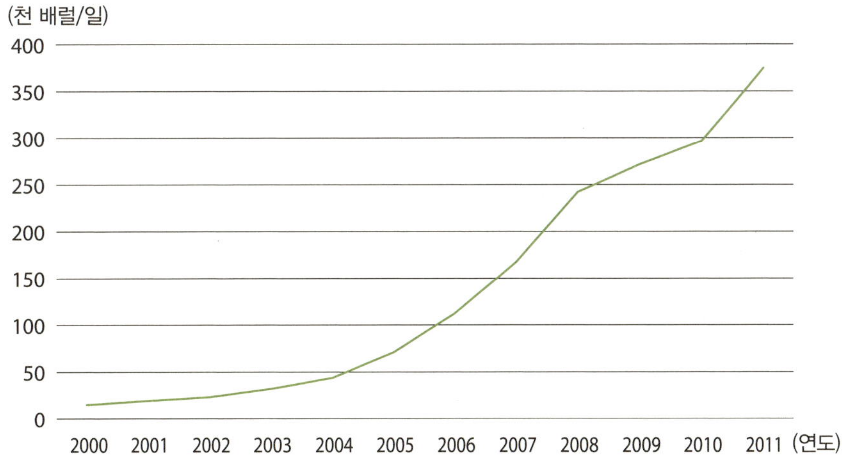

그림 3-6 바이오디젤 일일생산량 연간 추이[20]

너지 생산을 위한 곡물소비도 함께 증가하면서 곡물 가격에 밀접한 영향을 미치고 있다. 미국과 브라질을 중심으로 한 에탄올 생산과 유럽을 중심으로 한 바이오디젤 생산의 증가는 식량인 곡물을 사용한다는 측면에서 현재 많은 사회적 갈등을 낳고 있어 차세대 바이오연료는 곡물의 잔류물이나 임산 부산물 등을 활용할 것으로 보인다.

지식 발자국

당신의 생각만큼 작은 것이 아름답지 않다

영국 이코노미스트, 슈마허의 『작은 것이 아름답다』 뒤집는 진단 '작은 것은 아름답지 않다(Small is not beautiful)'

영국 경제주간지 이코노미스트 최신호(3월 3일자)는 영국 경제학자 슈마허의 책 제목 『작은 것이 아름답다(*Small is beautiful*)』를 뒤집은 듯한 이런 제목의 기사에서 '왜 당신이 생각하는 것만큼 중소기업이 훌륭하지 않은지'를 설명했다. 선거를 앞두고 '대기업 배싱(bashing · 때리기)' 열풍이 뜨거운 한국이 참고할 만한 내용이지만 기사는 주로 유럽 얘기다. 이에 따르면 성장이 정체돼 있는 유로존 남쪽의 그리스 · 이탈리아 · 포르투갈은 성가신 규제 탓에 소기업이 많다. 이들 국가에서 종업원 수 250명 이상의 대기업이 전체 제조업 일자리에서 차지하는 비율은 유로존 경제강국 독일의 절반을 밑돈다. 대기업이 부족한 탓에 생산성과 경쟁력도 떨어졌다. 이는 유로존 위기의 근본 원인이기도 하다. 대기업이 많은 경제여야 높은 생활수준을 영위할 수 있다. 잡지는 "중요한 것은 기업의 크기가 아니라 성장(Size doesn't matter. Growth does)"이라고 결론 내렸다.

잡지는 또 관련 기사인 '작은 것의 몰락(Decline and small)'에서 남유럽의 소기업 문제를 조명했다. 특히 그리스는 종업원 수 10명 미만의 소규모 제조업이 전체의 3분의 1이다. 이런 소기업, 독일은 단지 4.3퍼센트뿐이다. 잡지는 "중소기업 편애는(생산성 측면에서) 비싼 대가를 치러야 한다"고 했다. 이렇게 생산성이 떨어지는 것은 고용·제품시장에 대한 엄격한 규제 탓이며, 이런 규제는 자본과 인력이라는 사회의 자원을 비효율적인 기업에 묶어둔다는 것이다. 이런 점에서 "오랫동안 사업을 해온 성숙한(mature) 중소기업은 시장에서 성공하지 못한 신생기업과 마찬가지로 일자리를 파괴한다"며 "작은 것보다 젊은 신생기업이 더 좋다"고 했다. 다음은 기사의 주요 내용.

기업 크기가 일정 규모를 넘어서면 일단 비호감이 되기 쉽다. 월마트와 테스코 같은 대형 유통업체는 납품업체를 쥐어짜고 중소 경쟁업체를 궤멸시킨다. 영화 속의 대기업은 언제나 사악하게 그려진다. 정치인들이 대기업 대신 중소기업을 칭송하는 건 그래서 별로 놀랍지 않다. 작은 것의 옹호는 약삭빠른(shrewd) 정치다. 우상(fetish) 숭배하듯 중소기업을 치켜세우면 인기에는 도움이 되겠지만 경제 현실과는 동떨어진 얘기가 된다. 대기업은 일반적으로 더 생산성이 높고 세금도 많이 낸다. 소기업이 지배하는 나라는 경기침체에 자주 빠진다.

대기업의 장점은 규모의 경제(economies of scale)에 있다. 더 적은 현금과 노동을 투입해 같은 제품을 만들 수 있다. 악명 높은(villainous) 월마트 같은 대형 유통업체는 골목상권 점포(corner store)보다 더 다양하고 고품질의 제품을 더 낮은 가격에 공급한다. 규모가 있어야 전문화를 할 수 있고, 그래야 혁신도 나온다. 물론 대기업도 단점이 있다. 고객 니즈나 취향의 변화, 신기술에 속도감 있게 반응하기 어렵다. 국가의 지원을 받으며 성장한 대기업은 종종 관료적이고 비효율적이다. 대기업을 우상화하는 건 소기업을 우상화하는 것만큼 현명하지 못하다.

정책 당국자는 기업의 크기에 신경 쓸 게 아니라 성장(growth)을 지향해야 한다. 중소기업이 사랑받는 건 대기업보다 일자리를 더 많이 만들기 때문이다. 그러나 일자리를 만드는 것은 그냥 중소기업이 아니라 전적으로 신생 중소기업이다. 중소기업에 보조금을 퍼주고, 보호하는 규제를 만드는 대신 정부는 성장의 장애물을 없애는 데 집중해야 한다.

중소기업기본법이 정하는 중소기업은 업종별로 규모 기준이 다르다. 제조업의 경우 상시 근로자 300명 미만 또는 자본금 80억 원 이하여야 한다. 전체 사업체 중 99퍼센트가 중소기업이고 근로자의 88퍼센트가 중소기업에 종사하고 있다. 영국 이코노미스트 기사는 종업원 수 250명 이상을 대기업으로 분류해 한국과는 다소 차이가 있다.

서경호 기자, 중앙일보 2012년 3월 5일자

4

농업기본법과 농산업관련법의 체계

농업기본법은 대부분의 농산업 관련법이 제정 시행된 후에 제정된 법으로서 이미 시행 중인 여러 사업과 제도를 사후적으로 체계화한 것이다. 그러나 기본법의 제정으로 비로소 농업의 목표가 설정되었다 해도 과언이 아닐 정도로 농업기본법은 중요하다. 또한 이 기본법의 체계 아래에 여러 관련 법들이 자리 잡음으로써 더 명확하게 되었다. 이 장에서는 이러한 기본법의 이해와 관련 법 간의 관계를 좀 더 자세히 살펴보고자 한다.

1. 농업기본법 개요

현재 우리나라의 농업법을 살펴보면 과거 일제 식민시대의 법 체제를 유지하고 있을 뿐만 아니라 기존에 시행되어 오던 법을 개정하는 과정에서도 일본의 법을 많이 도입한 것을 알 수 있다. 우리나라는 1960년대부터 기본법 체제를 시작하여 1964년부터 농업·농촌기본법을 입법 추진하였다. 농업·농촌기본법은 1967년 1월에 제정·공포되었으며, 당시에는 많은 부분이 일본의 농업기본법을 참조하여 제정되었다. 실제 이 법은 이미 사회에 고착된 기존 시행 법률과 어긋나지 않기 위한 선언적 의미가 강한 법이었다고 볼 수 있다. 이후 1990년 제정되어 수십 차례 개정되면서 집행적 성격을 띠었던 「농어촌발전특별조치법」을 포괄하면서 농업 관련 법률의 모법으로 자리 잡게 되었다.

「농어업·농어촌 및 식품산업 기본법(이하 농업기본법)」은 농업을 주관하는 중앙행정기관이 농림부, 농수산부, 농림수산부, 농업부, 농림수산식품부, 농림축산식품부로 변모하면서 농업의 시대적 상황을 반영해 왔기 때문에 시기별로 제정된 농어업기본법은 제정 당시의 시대적 상황을 잘 반영하고 있다. 1967년에 제정된 농업기본법은 농업 관련 제도 정비에 착수한 독일(1955), 프랑스(1960), 일본(1961)과 같은 국가들의 농업기본법에 자극을 받아 농업경영의 근대화, 식량생산의 증가, 가격 및 유통구조 개선, 농가소득 증진, 소득 균형 실현을 목적으로 하고 있다. 농업농촌기본법이 농산물의 시장 개방과 농정의 국제화라는 세계적인 흐름 속에서 농업농촌의 비전과 중장기 정책 방향의 정립이 필요하다는 요구에 따라 제정된 반면, 1990년에 제정된 「농어촌발전특별조치법」은 1980년 중반부터 시작된 우루과이라운드(UR) 협상에 따른 개방에 대비하여 농정체제를 정비하고 농업구조개선 가속화를 목적으로 하고 있다.

개방과 경쟁의 시대에 맞춰 농업·농촌기본법은 식량 안보와 환경

보전 등의 공익적 기능에 관한 관심의 증대와 새로운 생산·경영 및 유통 구조, 생산·가공·유통을 포함하는 종합산업으로의 범위 확대에 맞도록 변화하고 있다. 또한, 통일을 대비하는 농업 정책의 수립에 대한 필요성과 농촌 지역사회의 유지, 농민의 정책결정 참여 욕구 증대 등의 농촌 내부의 변화를 수용하는 방향으로 변화하고자 하였다.

더불어 가족농 육성, 지역농업, 환경농업, 통일농업 등 농정의 기본방향을 천명하고, 국가와 국민 경제의 기반인 농업과 농촌의 발전을 도모하기 위하여 농업·농촌이 나아갈 방향과 국가의 정책 방향에 관한 기본적인 사항을 규정하였다. 이를 통해 국민의 경제, 사회, 문화의 기반인 농어업과 농어촌의 지속 가능한 발전을 도모하고, 국민에게 안전한 농수산물과 품질 좋은 식품을 안정적으로 공급하며, 농어업인의 소득과 삶의 질을 높이기 위하여 농어업, 농어촌 및 식품산업이 나아갈 방향과 국가의 정책 방향에 관한 기본적인 사항을 규정함을 목적으로 한다.

2. 농업기본법의 구조와 주요 내용

농업기본법은 농업 관련 개별 법률의 입법정신을 선언한 모법(母法)적 법률로서 총 4장 64조로 구성되어 있다. 주요 내용으로는 제1장의 총칙에서는 목적과 이념, 제2장의 농어업·농어촌 및 식품산업 정책의 기본방향에서는 관련 정책의 방향을, 제3장의 농어업·농어촌 및 식품산업 정책의 수립·시행에서는 행정법 체계에 따른 절차에 관한 내용으로 구성된다.

1장의 총칙에서는 기본법의 목적, 기본이념, 정의에 대해 설명하고 있다. 먼저 제1조 목적에서는 기본법이 ① 산업기반(농어업과 농어촌의 지속 가능한 발전) ② 국가식량안보(식품의 안정적 공급) ③ 농업종사자(농어업인

- 제1장 총칙
- 제2장 농어업 농어촌 및 식품산업 정책의 기본방향
- 제3장 농어업 농어촌 및 식품산업 정책의 수립 시행
  - 제1절 농어업 농어촌 및 식품산업
  - 제2절 안전한 농수산물과 품질 좋은 식품의 안정적 공급
  - 제3절 농어업 인력의 육성 등
  - 제4절 농지와 수산자원 · 어장의 이용 및 보전
  - 제5절 농어업 생산구조의 고도화
  - 제6절 농어업 · 농어촌의 공익기능 증진
  - 제7절 농어촌지역의 발전 및 삶의 질 향상
  - 제8절 통일 대비 농어업 · 농어촌 및 식품산업 정책과 국제협력
- 제4장 보칙

그림 4-1 농어업 · 농어촌 및 식품산업 기본법 구성

의 소득과 삶의 질)를 목적으로 한 법임을 밝히고 있으며, 제2조 기본이념에서는 농어업·농어업인, 농어촌에 대한 기본이념을 밝히고 있으며, 제2호에서 "다른 산업종사자와 균형된 소득을 실현하는 경제주체"로 성장하기 위한 다양한 정책의 시행근거를 제시하고 있다. 특히 제3호에서는 "고유한 전통과 문화를 보존하고 국민에게 쾌적한 환경을 제공하는" 농업농촌의 공익적 기능에 관하여 이야기하고 있다. 법률 제3조 정의에서 법률의 해석 및 이해에 매우 중요한 조항으로, 제1호 농업의 정의에서는 일차 산업 즉 생산만 포함하는 산업으로 재배업, 축산업, 임업에 대하여 정의하고 있으며, 제2호에서는 농민이 누구인지에 대하여 정의하고 있다. 하지만 대통령령에서 규정하고 있는 농민의 정의가 명확하지 않다는

지적을 받고 있다. 과거 중앙행정부처가 분리되어 있던 것이 합쳐지면서 제6호 농수산물과 제7호 식품의 정의가 나누어져 있는데 식품에서의 농수산물과 제6호의 농수산물에 대한 정의나 기존 식품 관련 법령과의 관계를 고찰해 볼 필요가 있다. 제8호는 매우 흥미로운 조항으로 식품산업은 '식품을 생산, 가공, 제조, 조리, 포장, 보관, 수송 또는 판매하는 산업'으로 정의하고 있어 재배업을 제외한 모든 과정을 포함한 산업임을 알 수 있다. 또한 9호의 농어업·농어촌 공익기능은 농민 지원에 대한 근거가 되는 중요한 개념으로 볼 수 있다.

제2장 농어업 농어촌 및 식품산업 정책의 기본방향에서는 농림축산식품부에서 어떠한 정책 및 사업을 시행할 것인지 분류한 것으로 보아도 큰 무리가 없을 것이다. 제7조에서 제13조까지는 농림축산식품부 내 행정조직이 각 사업을 시행하는 근간이 되며, 각 사업은 관련 각 법률 및 지침에 의해 시행된다. 특히 제12조 통일대비 조항은 현재 남북한의 농업, 농지제도 등의 차이 및 통일 이후에 발생할 수 있는 현상에 대한 고찰이 필요함을 지적하고 있다.

제3장에서는 제2장의 기본방향을 좀 더 자세하게 제시하고 있다. 1절에서는 총괄 기획 측면에서 농어업·농어촌 및 식품산업 정책의 수립·시행(제14조~제18조), 2절은 안전한 농수산물과 품질 좋은 식품의 안정적 공급(제19조~제23조), 3절 농어업인력의 육성(제24조~제29조), 4절 농지와 수산자원·어장의 이용 및 보전(제30조~제32조), 5절 농어업생산구조의 고도화(제33조~제43조), 6절 농어업·농어촌의 공익기능 증진(제44조~제47조), 7절 농어촌지역의 발전 및 삶의 질 향상(제48조~제54조), 8절 통일대비 농어업·농어촌 및 식품산업 정책과 국제협력(제55조~제60조)을 규정하고 있다.

이처럼 농업기본법은 농정의 방향과 이념을 제시하는 역할을 하고 있으며, 국가·지방자치단체·농업인·소비자에 이르기까지 미래 농정의 추진 방향을 제시하는 지침 역할을 하고 있다.

3. 농업기본법의 주요 정의

「농어업·농어촌 및 식품산업 기본법」에서 정의하고 있는 용어들은 표 4-1과 같다. 농업을 농작물재배업, 축산업, 임업 및 이들과 관련된 사업으로 대통령령으로 정하고 있으며 농촌을 읍·면 지역으로 정의하고 있다. 특히 농민을 대통령령이 정하는 기준에 해당하는 자로 정의하고 있는데 1년에 90일 이상을 농업에 종사하는 사람이나 연간 농산물 판매액 120만 원 이상인 사람 등의 기준은 시대의 변화에 따라 살펴볼 필요가 있는 부분이다.

4. 농업기본법의 세부 내용

농업기본법 제3장 1절에는 정부 및 지자체에서 농어업·농어촌 및 식품산업 발전계획을 수립하도록 명시하고 있다. 농어업의 지속 가능한 발전과 농어촌의 균형 있는 개발·보전 및 식품산업을 포함한 농어업 관련 산업의 육성을 위하여 농림축산식품부장관은 농업·농촌 및 식품산업 발전계획을 세우고 해양수산부장관은 어업·어촌 발전계획을 세워야 한다. 이러한 농업·농촌 및 식품산업 발진계획 또는 어업·어촌 발전계획은 다음의 사항을 포함하고 있다.

1) 농어업·농어촌 및 식품산업의 발전 목표와 정책의 기본방향
2) 식량 및 주요 식품의 적정한 자급목표 및 그 추진계획과 쌀

표 4-1 농어업 · 농어촌 및 식품산업 기본법에서의 관련 용어 정의

용어	정의
농업	농작물 재배업, 축산업, 임업 및 이들과 관련된 산업으로서 대통령령으로 정하는 것 -「농어업·농어촌 및 식품산업 기본법 시행령」의 농업 1. 농작물 재배업: 식량작물 재배업, 채소작물 재배업, 과실작물 재배업, 화훼작물 재배업, 특용작물 재배업, 약용작물 재배업, 버섯 재배업, 양잠업 및 종자·묘목 재배업(임업용 종자·묘목 재배업은 제외한다) 2. 축산업: 동물(수생동물은 제외한다)의 사육업·증식업·부화업 및 종축업(種畜業) 3. 임업: 육림업(자연휴양림·자연수목원의 조성·관리·운영업을 포함한다), 임산물 생산·채취업 및 임업용 종자·묘목 재배업
농업인	농업을 경영하거나 이에 종사하는 자로서 대통령령으로 정하는 기준에 해당하는 자 -「농어업·농어촌 및 식품산업 기본법 시행령」의 농업인의 기준 1. 1천 제곱미터 이상의 농지(「농어촌정비법」 제98조에 따라 비농업인이 분양받거나 임대받은 농어촌 주택 등에 부속된 농지는 제외한다)를 경영하거나 경작하는 사람 2. 농업경영을 통한 농산물의 연간 판매액이 120만 원 이상인 사람 3. 1년 중 90일 이상 농업에 종사하는 사람 4. 「농어업경영체 육성 및 지원에 관한 법률」 제16조 제1항에 따라 설립된 영농조합법인의 농산물 출하·유통·가공·수출활동에 1년 이상 계속하여 고용된 사람 5. 「농어업경영체 육성 및 지원에 관한 법률」 제19조 제1항에 따라 설립된 농업회사법인의 농산물 유통·가공·판매활동에 1년 이상 계속하여 고용된 사람
농어업 경영체	「농어업경영체 육성 및 지원에 관한 법률」 제2조 제7호에 따른 농어업경영체를 말한다. 1. "농업인"이란 「농어업·농어촌 및 식품산업 기본법」 제3조 제2호 가목에 따른 농업인을 말한다. 2. "농업법인"이란 제16조에 따른 영농조합법인과 제19조에 따른 농업회사법인을 말한다. 3. "농업경영체"란 농업인과 농업법인을 말한다. 4. "어업인"이란 「농어업·농어촌 및 식품산업 기본법」 제3조 제2호 나목에 따른 어업인을 말한다. 5. "어업법인"이란 제16조에 따른 영어조합법인과 제19조에 따른 어업회사법인을 말한다. 6. "어업경영체"란 어업인과 어업법인을 말한다. 7. "농어업경영체"란 농업경영체와 어업경영체를 말한다.

용어	정의
생산자 단체	농어업 생산력의 증진과 농어업인의 권익보호를 위한 농어업인의 자주적인 조직으로서 대통령령으로 정하는 단체를 말한다. 1. 「농업협동조합법」에 따른 조합 및 그 중앙회 2. 「산림조합법」에 따른 산림조합 및 그 중앙회 3. 「엽연초생산협동조합법」에 따른 엽연초생산협동조합 및 그 중앙회 4. 「수산업협동조합법」에 따른 조합 및 그 중앙회 5. 농수산물을 공동으로 생산하거나 농수산물을 생산하여 공동으로 판매·가공 또는 수출하기 위하여 농어업인 5명 이상이 모여 결성한 법인격이 있는 전문생산자 조직으로서 농림축산식품부장관 또는 해양수산부장관이 정하는 요건을 갖춘 단체
농어촌	읍·면의 지역
	가목 외의 지역 중 그 지역의 농어업, 농어업 관련 산업, 농어업인구 및 생활여건 등을 고려하여 농림축산식품부장관이 고시하는 지역
농산물	농업활동으로 생산되는 산물로서 대통령령으로 정하는 것
식품	사람이 직접 먹거나 마실 수 있는 농수산물
	농수산물을 원료로 하는 모든 음식물
식품산업	식품을 생산, 가공, 제조, 조리, 포장, 보관, 수송 또는 판매하는 산업으로서 대통령령으로 정하는 것을 말한다. 1. 농수산물에 인공을 가하여 생산·가공·제조·조리하는 산업 2. 제1호의 산업으로부터 생산된 산물을 포장·보관·수송 또는 판매하는 산업
농어업·농어촌의 공익기능	농어업·농어촌이 가지는 다음의 기능 가. 식량의 안정적 공급 나. 국토환경 및 자연경관의 보전 다. 수자원의 형성과 함양 라. 토양유실 및 홍수의 방지 마. 생태계, 수산자원 및 해안의 보전 바. 농어촌사회의 고유한 전통과 문화의 보전

소비 확대를 위한 시책

3) 정부가 추진하여야 할 시책

4) 시책을 추진하기 위한 재원의 조달방안

5) 그 밖에 필요한 사항

표 4-2 식량 및 주요 식품 자급목표 지표

품목	2020년 목표치
식량용 쌀과 보리류의 자급률	60%
모든 곡물의 자급률	32%
쇠고기, 돼지고기, 닭고기, 우유의 자급률	72.1%(우유 64%)

또한 각 지자체에서는 광역시장·도지사 및 특별자치도지사, 시장·군수 및 자치구의 구청장이 관할 지역의 특성을 고려하여 발전계획을 수립하고 시행하는데(제14조), 2011년 개정내용(개정 2011.11.22.)에 따르면 식량 및 주요 식품의 적정한 자급목표를 세울 때에는 표 4-2에 제시된 자급률에 관하여 5년마다 이를 설정하고 고시하여 농어업·농어촌 및 식품산업에 관한 중장기 정책의 지표로 활용하여야 함을 명시하고 있다.

이러한 발전계획의 수립, 변경 심의를 위해 제15조에 농림축산식품부에 중앙 농어업·농어촌 및 식품산업 정책심의회를 두고, 시·도에 시·도 농어업·농어촌 및 식품산업 정책심의회를 두며, 시·군 및 자치구에 시·군·구 농어업·농어촌 및 식품산업 정책심의회를 두도록 하고 있다. 또한 수립된 발전계획의 시행을 위해 제16조에 매년 예산에 기본계획, 시·도 계획 및 시·군·구 계획의 시행에 필요한 사업비가 우선으로 반영될 수 있도록 노력하도록 명시되어 있으며, 제17조에 정부 및 도지사와 시장·군수·자치구의 구청장은 정책현황 및 정책 등에 대한 평가와 이에 따른 보완계획이 포함된 연차보고서를 작성하도록 하고 있다.

농업기본법 제3장 2절에서는 농수산물 품질 관리와 식품산업 육성, 그리고 식량과 주요 식품의 안정적 공급에 관한 내용을 담고 있다. 제19조에 국가와 지방자치단체는 생산단계의 농수산물 안정성 관리를 위해 농수산물 이력 추적, 농수산물 우수관리 인증, 축산물과 수산물의 위해요소 중점관리 등 필요한 정책을 세우고 시행하도록 하고 있으며, 제20조에 농수산물과 식품의 품질관리 등을 위해 농수산물 생산 이후의 관리 기술 및 원산지 표시와 품질관리 등을 위한 정책, 동식물(수생동식물을 포함)에 대한 병해충 및 질병의 예방과 축산물·수산물에 대한 위생시책, 수출입 농수산물 및 동식물에 대한 검역과 축산물, 수산물에 대한 위생 검사 등에 필요한 정책을 세우고 시행하도록 하고 있다.

또한 농수산물의 부가가치를 높이고 국민에게 품질 좋은 식품을 공급하기 위하여 제21조에 농수산물 가공식품 및 전통식품 등 식품의 연구 개발, 식품산업의 시설 설치 및 확충과 마케팅 등에 관한 지원 시책을 세워 식품산업을 육성하도록 하고, 제22조에 전통 식생활문화를 계승·발전시키는 데 필요한 정책을 세우고 시행하도록 규정하고 있다.

최근 세계 곡물가격 변동, 기상이변 등으로 식량안보문제에 대한 중요성이 인식되면서 식량과 주요 식품의 안정적 공급에 관한 조항이 2011년 신설(신설 2011.3.9.)되었다. 식량과 주요 식품의 공급 및 가격이 국제적으로 불안정하거나 자연재해 등으로 안정적인 공급이 어려운 위기상황에 대비하기 위하여 정부는 식량 및 주요 식품을 국내에서 적정하게 생산하여 비축(備蓄)하거나 국외에서 확보하여 적정하게 공급하기 위한 정책을 세우고 시행해야 할 뿐만 아니라 농지의 효율적 이용에 필요한 정책을 세우고 시행하여야 한다(제23조).

농업기본법 제3장 3절에서는 지역공동체의 유지와 농어촌사회의 안정을 위하여 가족 노동력을 중심으로 하는 가족농어가(家族農漁家)의 생산성 향상 및 경영안정과 농어가의 특성에 맞는 규모화, 전문화 및 협동화 등에 필요한 정책을 세우고 시행하도록 하고 있다(제24조). 특히 제25조는 미래의 농어업 인력을 지속해서 확보하기 위하여 후계농어업경영인(後繼農漁業經營人)을 지원, 제26조는 전문 농어업기술 및 경영능력을 갖추고 농어업 발전에 중추적이고 선도적인 역할을 할 수 있는 농어업인(이하 "전업농어업인"이라 한다)을 육성·지원, 제27조는 여성농어업인의 지위향상과 전문인력화를 위하여 필요한 정책을 수립하고 시행하도록 하고 있다. 또한 국가와 지방자치단체는 농어업의 생산성 향상과 농수산물의 출하·유통·가공·판매·수출 등의 효율화를 위하여 협업적 또는 기업적 농어업경영을 수행하는 영농조합법인(營農組合法人) 및 영어조합법인(營漁組合法人)과 농업회사법인(農業會社法人) 및 어업회사법인(漁業會社法人)의 육성에 필요한 정책을 수립·시행하며(제28조), 농어업 분야의 첨단과학기술 및 영농·영어·경영기법의 개발과 벤처농어업 등을 지원·육성하는 정책을 세우고 시행(제29조)하도록 하고 있다.

농업기본법 제3장 4절에서는 농지 및 수산자원·어장에 관한 기본이념과 이용 및 보전에 관한 내용을 담고 있다. 농지 및 수산자원·어장은 미래세대를 포함하는 국민에 대한 식량과 주요 식품의 안정적인 공급 및 환경보전을 위한 기반이며 농어업과 국민경제의 조화로운 발전에 이바지하는 귀중한 자원으로서 이용·보전되어야 한다고(제30조) 기본이념을 밝히고 있다. 국가와 지방자치단체는 헌법상 경자유전(耕者有田)의 원칙이 달성될 수 있도록 농지의 소유 등에 관한 정책, 수산자원이 헌법에 따라 이용되도록 하는 정책을 수립 시행하여야 하며, 농지 및 수산자원·어장이 농어업과 국민경제의 균형 있는 발전을 위하여 효율적으로 이용될 수 있도록 필요한 정책을 세우고 시행하도록 규정되어 있다(제31조).

또한 국가와 지방자치단체는 농지 및 수산자원·어장을 보전해야 하는데, 농지가 적절한 규모로 유지될 수 있도록 정책을 세우고 시행하며(우량농지가 우선으로 보전될 수 있도록 한다) 수산자원·어장이 적절한 규모로 유지될 수 있도록 수산자원·어장의 보전에 필요한 정책을 세우고 시행하여야 한다(제32조). 이를 위해 국가에서는 농지기금을 통해 농지확대와 보전을 지원하고 있다.

농업기본법 제3장 5절에서는 농업생산기반의 정비 및 기계화·시설현대화, 연구진흥과 기술개발 추진, 지식재산권 보호, 친환경농어업, 농업경영체, 농어업 재해, 수급 및 가격의 안정, 유통 개선에 관한 내용을 담고 있다. 국가와 지방자치단체는 친환경농어업의 발전을 도모하고 농어업 생산력이 안정적으로 확보될 수 있도록 농어업 생산기반의 정비, 보강, 보전을 위하여 필요한 정책을 세우고 시행하여야 하며(제33조) 농어업 경영비용을 절감하고 생산성을 높일 수 있도록 농어업기계, 농어업자재, 농어업시설, 어선 및 농약·비료·사료·동물약품 등 농어업투입재(農漁業投入材) 산업의 육성에 필요한 정책을 세우고 시행하여야 한다(제34조).

또한 농어업 및 식품 관련 기술·연구 등의 진흥 및 기술개발을 위해 농어업 생산기술, 농어업 생산기반 정비기술, 농수산물 생산 이후의 관리기술, 농어업 경영기법, 농어업인 안전작업기술, 농수산물 유통기술, 농수산물 가공·식품 제조기술 및 음식물 조리법 등에 관한 연구·개발·보급과 농어업 및 식품산업 현장연구, 산학연 공동연구 및 연구평가 관리체제의 확립 등에 관한 종합적인 계획을 세우고 시행하도록 하며(제35조), 농어업 및 식품 관련 산업의 기술 등을 신속하게 개발·보급하기 위하여 관련 연구기관 또는 단체 등에 농어업 및 식품 관련 산업의 기술개발 연구를 수행하게 할 수 있다(제36조).

특히 지식재산권 보호를 위하여 정부는 농어업 유전자원, 영농·영어·양식기술, 전통 농법·어법, 전통 식품의 생산방법, 상표, 지리적 표시, 동식물 신품종, 생명공학기술 등 농어업·농어촌 및 식품산업 관련 지식재산권을 보호하는 데 필요한 정책을 세우고 시행하여야 하며, 국가와 지방자치단체는 농어업·농어촌 및 식품산업과 관련된 향토산업·농어촌지역 특화산업 등의 보호·육성에 필요한 정책을 세우고 시행하여야 한다(제37조).

친환경 농어업과 관련하여 국가와 지방자치단체가 농어업과 농어촌의 환경보전 기능을 증대시키고 안전한 농수산물과 품질 좋은 식품의 생산 및 소비를 촉진하기 위하여 친환경농어업 등의 생산기반 구축, 생산기술·생산방법 및 어법·어구·양식기술의 개발, 친환경 농수산물 등의 인증, 가축분뇨 및 어패류 부산물의 자원화 등에 필요한 정책을 세우고 시행하도록 하고 있다(제38조).

농어업경영체와 관련하여 국가와 지방자치단체는 농어업 경영의 상담, 교육훈련 및 정보 제공 등에 필요한 정책을 세우고 시행하며, 경영체의 사업계획, 기술 수준 및 경영능력 등을 고려하여 자금을 지원할 수 있으며 농어업경영체의 소득·경영안정 및 농어업의 경영구조 개선 등을 위하여 다음의 내용을 지원하고 있다(제39조).

1) 온실가스 감축을 위한 지원
2) 인적 재해 등에 대한 지원
3) 경영 규모화, 경영 이양 등 지원
4) 낙후지역 지원
5) 농어업 생산과 직접 연계되지 않은 소득 보조 및 농어업투입재 비용절감을 위한 지원
6) 특정 품목 및 수자원과 직접 연계되지 않는 농어가 단위 소득 보조 지원

이러한 지원을 받거나 받으려는 농어업경영체에 대하여 농어업 경영 관련 정보를 등록하도록 하고 이를 활용하는 데에 필요한 정책을 세우고 시행하도록 하고 있다(제40조).

국가와 지방자치단체는 자연재해로부터 안정적인 농어업 경영을 도모하기 위하여 한해(旱害), 수해, 풍해, 냉해, 기후변화, 적조(赤潮), 해일 등 농어업 재해 및 기름 유출, 오염물질 누출 등 내수면·해수면·갯벌오염에 대한 예방, 응급대책, 복구와 농어업 재해보험의 운영 등에 필요한

시책을 마련하여야 하며(제41조) 농수산물과 식품의 원활한 수급 및 가격의 안정을 위하여 농어업·식품산업의 관측, 생산·포획·채취·양식 조정, 수매 비축 및 생산자 단체 자조금(自助金)의 조성 지원 등에 필요한 정책을 세우고 시행할 수 있다(제42조).

또한 농수산물과 식품의 유통 개선을 위해 국가와 지방자치단체는 농수산물과 식품의 생산지 및 소비지에 도매시장, 공판장, 종합유통센터, 산지유통센터, 집하장, 가축시장, 어시장, 위판장(委販場) 등의 유통시설과 도축장, 육가공 시설 및 어항·어획물 운반시설 등의 확충과 그 운영 개선 등에 필요한 정책을 세우고 시행하여야 하며, 이를 위해 농수산물과 식품의 표준화 촉진과 다양한 유통정보를 수집·제공하고, 농수산물과 식품의 생산, 유통, 판매 등을 조직적·체계적으로 수행하는 공동브랜드화에 필요한 정책을 세우고 시행하여야 한다(제43조).

농업기본법 제3장 6절은 농업기본법 제9조에서 농어업·농어촌이 가지는 공익기능(식량의 안정적 공급, 국토환경 및 자연경관의 보전, 수자원의 형성과 함양, 토양유실 및 홍수의 방지, 생태계와 수산자원 및 해안의 보전, 농어촌사회의 고유한 전통과 문화의 보전)에 관한 정책 내용을 담고 있다.

국가와 지방자치단체는 농어촌의 자연환경과 수산자원·어장을 보전하고 농어촌 경관, 해안의 형성·보전·관리 및 농어업 생태계 보전 등에 필요한 정책을 세우고 시행하여야 하며(제44조) 전통 농경·어업 문화, 농경·어업 유물, 전통 농법·어법, 재래종의 가축·농작물·수산 생물자원 및 농어촌 공동체를 유지·계승시켜 나가고 그와 관련된 농어업 박물관·관람 시설물 등의 전시·교육·홍보 등에 필요한 정책을 세우고 시행하여야 한다(제45조).

또한 농어업·농어촌의 공익기능을 최대한 증진하고 국민이 이를 누릴 수 있도록 하기 위한 연구, 조사, 교육 및 홍보 등에 필요한 정책을 세우고 시행하여야 하며, 공익기능 증진을 위해 농어업인·농어업 관련 단체 등을 지원하는 정책을 세우고 시행할 수 있다(제46조).

지구 온난화 방지 및 기후변화 완화 등의 공익기능을 수행할 수 있도록 국가와 지방자치단체는 지구 온실가스 감축 등에 필요한 정책을 세우고 시행하여야 하며, 이를 위해 바이오에너지에 이용되는 농작물, 산림자원 및 수산자원을 생산·공급하는 데 필요한 정책을 세우고 시행하여야 한다(제47조).

농업기본법 제3장 7절은 농어촌지역 발전을 위한 발전시책 수립과 지역 간 소득균형, 농어촌지역산업의 진흥 및 개발, 도농교류 활성화와 삶의 질 향상을 위한 정보화, 교육복지에 관한 내용을 담고 있다. 국가와 지방자치단체는 농어촌주민의 삶의 질 향상과 국토의 균형발전 및 보전을 위하여 각 지역의 특수성을 고려한 종합적인 농어촌지역 발전시책을 세우고 시행하여야 하며, 이때 농어업·농어촌의 공익기능과 농어업 생산여건, 농어촌 생활여건 등이 불리한 지역을 먼저 고려하고, 개발과 보전이 조화되도록 노력하여야 하며(제48조), 도시와 농어촌 간의 소득 격차의 해소 등 도시와 농어촌의 균형발전을 위하여 농어촌주민의 소득 증대 및 삶의 질 향상 등에 필요한 정책을 세우고 시행하여야 한다(제49조).

농업기본법 제3장 8절은 남북한의 통일을 대비한 농업·농촌 및 식품산업정책과 국민경제의 발전수준에 맞는 농업부문의 국제협력 강화 및 국제사회에 대한 기여 시책 내용을 담고 있다. 북한의 농업과학기술·농업경영지도·농업인교육·농업통계 등에 대하여 조사·연구하고, 남북한의 농업·농촌 및 식품산업을 상호 보완적으로 발전시키기 위한 시책을 수립·시행토록 하며(제55조), 우리나라의 권리와 이익을 확보할 수 있도록 종합적인 통상정책을 세우고 시행하며, 주요 통상여건의 변화에 따라 농어업·농어촌의 공익기능이 약화될 경우 보완대책을 세우고 시행토록 하고 있다(제56조).

농어업·농어촌 및 식품산업 분야의 국제협력 증진을 위해 농어업·

농어촌 및 식품산업 정책에 관한 정보의 교류, 농어업 및 식품산업 인력·기술의 교류, 농어업 관련 국제기구 활동 참여 등에 필요한 정책을 세우고 시행토록 하며, 수입 의존도가 높은 식량 및 식품과 사료 원료 및 수산자원과 국외어장을 안정적으로 확보하기 위한 기반을 확대하고 개발도상국과의 국제협력을 강화하기 위한 농업·농촌 및 식품산업부문의 인적·물적·기술적 지원시책을 수립·시행토록 규정하고 있다(제57조).

정부는 국외투자를 지원하고 국외어장을 확보하는 데에 필요한 정책을 세우고 시행하며(제58조), 국가와 지방자치단체는 농수산물 및 식품의 수출 진흥과 우리나라 식생활 문화의 전파 등을 위하여 국외시장 개척, 무역정보의 수집·제공 등에 필요한 정책을 세우고 시행하도록 하고 있다(제59조). 또한 정부는 농수산물 및 식품의 수입 증가로 인하여 국내의 농어업·농어촌 및 식품산업 등의 발전에 미치는 영향이 크다고 인정되는 경우에는 적절한 조치를 마련하도록 규정되어 있다(제60조).

이러한 농산업법 기본법에서 제시하고 있는 여덟 가지 사업 분야는 우리 농업의 비전에 대해 말해 주고 있다고 볼 수 있다. 따라서 앞으로 국제농업환경, 우리나라의 법제적·지리적 상황 등을 살펴볼 필요가 있다.

5

농업생산기반과 제도

농업생산기반에는 하드웨어적 기반과 소프트웨어적 기반이 함께 있다. 이 장에서는 하드웨어에 해당하는 토지자원과 수자원을 살펴보고 이 자원을 관리하는 기구와 제도, 그리고 이 자원이 속해 있는 농촌 공간의 변화와 미래에 대하여 고찰해 보고자 한다.

1. 역사에서의 농지제도

농지제도는 국가를 발전시키는 데 중요한 제도로 역사 속에서 다양한 제도와 변화를 살펴볼 수 있다.

삼국시대의 농지제도는 신라의 녹읍(祿邑)과 식읍(食邑)이 대표적이다. 녹읍은 국가에서 일반관료들에게 일에 대한 대가로 지급하는 논밭이며, 식읍은 왕족이나 공신들에게 지급하는 논밭으로 녹읍과는 달리 상속할 수 있었다. 이러한 녹읍과 식읍은 수조권(收租權) 및 노동 징발권까지 있어 귀족의 경제력을 키우는 역할을 하였다. 그러나 신라 신문왕 이후부터는 왕권이 강화돼 녹읍을 폐지하고 토지에서 나오는 조세만을 징수할 수 있는 관료전을 지급했으며, 성덕왕은 왕토 사상에 입각하여 기존 농민경작권을 인정하여 정전을 지급하는 등 왕권을 강화하였다. 그러나 신라 경덕왕 이후부터는 귀족의 세력이 다시 강화되어 녹읍이 부활함으로써 왕권이 약화되게 된다.

고려시대 태조는 역분전(役分田)을 후삼국통일에 이바지한 공신에게 지급하였고, 공음전은 5품 이상 관료에게 지급하였다. 공음전은 자손에게 상속할 수 있어 귀족들의 특권적 생활이 세습할 수 있도록 하는 경제적 기반을 마련한 것으로 음서제와 함께 고려시대 귀족사회의 특징을 보여 주는 좋은 예라 할 것이다. 경종은 최초의 전국적 토지제도로 전현직 관료에게 전시과제도를 시행하였다. 무신정변 이후 전시과 붕괴에 따라 경기 8현의 토지를 대상으로 한 과도적 토지제도로 녹과전이 있었으며, 공양왕 때 과전제는 신진사대부의 경제적 기반 확보 역할을 하였다. 고려시대 민전은 개인의 소유지로 매매, 상속, 임대, 기증이 가능했다.

조선의 토지제도는 태조 때에 만들어진 과전법(科田法)을 토대로 하였다. 과전법에 의해 관료들은 등급에 따라 일정한 토지를 국가로부터 받았으며, 퇴직자들도 별도로 정해진 바에 따라 토지를 받았다. 그러나 이들 토지를 실제로 경작한 사람은 농민이었고, 관료는 토지를 경작하는 농민에게서 경작의 대가로 조(租)를 거두어 생활하였으며, 국가는 다만 관료가 농민의 경작권을 마음대로 빼앗지 못하게 보호하였다. 이러한 과전은 세습할 수 없는 것이 원칙이었으나, 공신전(功臣田), 휼양전(恤養田), 수신전(守信田) 등은 자식이나 아내에게 세습되기도 하였다.

한편, 왕권이 확립되고 국가 활동이 활발해짐에 따라 관료의 수와 세습되는 토지가 늘어나, 새로 관료가 되는 사람에게 지급할 토지가 부족하게 되었다. 이에 세조는 과전법을 폐지하고 현직 관료에게만 토지를 지급하는 직전법(職田法)을 시행하였고, 성종 때에는 관수관급제(官收官給制)를 시행하여 국가의 토지지배권을 강화하였다. 그러나 실제는 토지의 사유화가 진전되어 많은 양반 관료들은 농장(農莊)을 소유하고 그들의 경제기반을 확대해 나갔다. 농장의 확대는 상대적으로 과전의 부족을 초래하였고, 명종 때에는 직전법마저 폐지되기에 이르러 관료들은 오직 녹봉(祿俸)만을 받게 되었다.

이렇게 토지제도의 개선을 통해 국가에서 관리하는 토지가 늘어감에 따라 지방 세력의 힘이 약해졌으나 임진왜란 등을 거치면서 폐해가 늘어나 후기 실학자들이 각각 한전론, 균전론, 여전론 등을 제기하였다. 18세기 말에 이르러 정석유(鄭錫猷), 임박유(林博儒), 서명신(徐命臣) 등 농촌 지식인과 성호(星湖) 이익(李瀷)이 한전론을 제기하였다. 한전론의 주요 내용은 ① 국가에서 일가 소요의 기준량을 정하여 그에 상당한 전지를 한정하고, 1호에 영업전(永業田)을 지정해 주는 것과, ② 영업전으로 제한된 전지 내에서 매매행위가 있을 때에 엄벌하고, 그 이외의 전지는 매매를 허락하여 토지소유의 평등을 이루도록 하였으며, ③ 전지매매는 양안(量案: 토지대장)에 기록을 마친 후 문권(文券)을 주고 엄격한 규제로써 매매를 방지하도록 했다.

또한 유형원으로 대표되는 실학자들과 지식인을 중심으로 지주들에게 집중된 토지를 국유화하고 백성에게 재분배하자는 토지제도 개혁론이 대두하였다. 유형원은 정전법을 이상적인 토지제도로 여기고, 관리·선비·농민 등에게 토지를 차등 분배하여 자영농을 육성할 것을 주장하였다. 그의 균전론은 농민의 최저생계를 보장하기 위한 토지개혁론이었으나, 사·농·공·상의 신분에 따라 차등지급하도록 함으로써 신분제의 한계를 벗어나지는 못하였다. 그럼에도 이는 실학파의 토지개혁사상 가운데 최초의 체계적인 안으로서 토지소유제도를 개혁하여 지주제의 폐해를 타파하려는 혁신적인 것이었다. 유형원의 균전론은 정책으로 채택되지는 못하였으나 후대의 실학파 학자들에 영향을 미쳐 홍대용·박지원 등으로 계승되었다.

조선 후기 정약용이 주장한 여전론은 자연적인 지리와 경계를 고려하여 대략 30호 정도로 말단 행정조직인 여(閭)를 만들고, 여의 경계 안에 있는 토지는 여민(閭民)이 공동으로 소유하게 하는 것이다. 여민은 가부장적 권위를 가진 지도자인 여장(閭長)의 지휘를 받아 이 토지를 공동경작하고, 여장은 개개인의 노동량을 장부에 기록하였다가 가을에 수확한 생산물을 한곳에 모아놓고 기여한 노동량에 따라 분배한다. 이때 국가에 내는 10분의 1세와 여장의 봉급을 먼저 뺀다. 여전제의 실시는 병농일치적(兵農一致的)인 군사제도와도 결부될 수 있다. 이 제도를 보급하기 위해서 농민의 자유로운 이주를 보장할 것을 주장하고, 그렇게 되면 10년 안에 전국의 인구 분포 및 토지 이용도(利用度)가 고르게 된다고 보았다.

2. 대한민국의 농지제도

국어사전에서 패러다임은 어떤 한 시대 사람들의 견해나 사고를 근본적으로 규정하고 있는 테두리로서의 인식의 체계 또는 사물에 대한 이론적인 틀이나 체계로 정의하고 있다.[21] 과학 분야에서 새로운 개념은 객관적인 관찰을 통해 형성되는 것이 아니라, 연구자 집단이 모두 받아들이는 과정에서 형성된다. 패러다임으로 인정되기 위해서는 정의, 구조, 방법론이 명확히 사람들 사이에서 인정되어야 한다. 헌법은 우리나라의 근간이 되는 패러다임이라 할 수 있다. 헌법에서는 우리나라를 민주공화국으로 정의하고, 구조는 삼권 분립, 방법론은 대의 민주주의로 규정하고 있다. 따라서 농업에 대한 헌법의 변화는 우리나라 농업의 패러다임 변화를 반영하고 있다고 볼 수 있다.

헌법 제1호에서는 농지는 농민에게 분배함을 명시하고 있다. 또한 법률을 통하여 분배의 방법과 소유의 한도, 소유권에 관한 내용을 규정함을 이야기하면서 농지 소유를 매우 중요한 가치로 인식하고 있음을 알 수 있다.

헌법 제6호와 제114조에서는 토지의 공개념을 도입하였다. 사회주의적 내용임에도 이러한 개념을 도입함은 큰 의미가 있다. 또한 제115조를 통해 「농업협동조합법」이 제정되고, 행정체계적인 조직을 가진 지금의 농협이 탄생하게 된다.

1972년 개정된 헌법 제8호에서는 전환기 농업의 시대상황이 잘 나타나 있다. 기존 생산농업에서 농민을 위한 농어촌 개발의 중요성이 대두하였다.

토지사유화와 경자유전의 법칙을 채택한 후 세대가 지나면서 상속에 의한 경자유전의 침해와 토지소유상한 초과 등 문제가 발생하자 1980년 개정된 헌법 제9호에서는 제122조 임대차 및 위탁경영을 인정함으로써 이 문제를 극복하려고 하였다.

현행 헌법 제121조는 농지에 대한 구체적인 내용을 담고 있다. 그런데 제121조 제1항과 제2항은 소작제도와 임대차/위탁경영이라는 상반

표 5-1 헌법에서 농지 및 농업 관련 조항의 변화

대한민국헌법 [시행 1948.7.17.] [헌법 제1호, 1948. 7.17. 제정]	第86조 농지는 농민에게 분배하며 그 분배의 방법, 소유의 한도, 소유권의 내용과 한계는 법률로써 정한다.
대한민국헌법 [시행 1963.12.17.] [헌법 제6호, 1962.12.26. 전부개정]	第113조 농지의 소작제도는 법률이 정하는 바에 의하여 금지된다.
	第114조 국가는 농지와 산지의 효율적 이용을 위하여 법률이 정하는 바에 의하여 그에 관한 필요한 제한과 의무를 과할 수 있다.
	第115조 국가는 농민·어민과 중소기업자의 자조를 기반으로 하는 협동조합을 육성하고 그 정치적 중립성을 보장한다.
대한민국헌법 [시행 1972.12.27.] [헌법 제8호, 1972.12.27. 전부개정]	第118조 농지의 소작제도는 법률이 정하는 바에 의하여 금지된다.
	第119조 국가는 농지와 산지 기타 국토의 효율적인 이용 · 개발과 보전을 위하여 법률이 정하는 바에 의하여 그에 관한 필요한 제한과 의무를 과할 수 있다.
	第120조 ① 국가는 농민·어민의 자조를 기반으로 하는 농어촌개발을 위하여 계획을 수립하며, 지역사회의 균형 있는 발전을 기한다. ② 농민·어민과 중소기업자의 자조조직은 육성된다.
대한민국헌법 [시행 1980.10.27.] [헌법 제9호, 1980.10.27. 전부개정]	第122조 농지의 소작제도는 법률이 정하는 바에 의하여 금지된다. 다만, 농업생산성의 제고와 농지의 합리적인 이용을 위한 임대차 및 위탁경영은 법률이 정하는 바에 의하여 인정된다.
	第123조 국가는 농지와 산지 기타 국토의 효율적이고 균형 있는 이용·개발과 보전을 위하여 법률이 정하는 바에 의하여 그에 관한 필요한 제한과 의무를 과할 수 있다.
	第124조 ① 국가는 농민 · 어민의 자조를 기반으로 하는 농어촌개발을 위하여 필요한 계획을 수립하며, 지역사회의 균형 있는 발전을 기한다. ② 국가는 중소기업의 사업 활동을 보호 · 육성하여야 한다. ③ 국가는 농민 · 어민과 중소기업의 자조조직을 육성하여야 하며, 그 정치적 중립성을 보장한다.
대한민국헌법 [시행 1988.2.25.] [헌법 제10호, 1987.10.29. 전부 개정]	第121조 ① 국가는 농지에 관하여 경자유전의 원칙이 달성될 수 있도록 노력하여야 하며, 농지의 소작제도는 금지된다. ② 농업생산성의 제고와 농지의 합리적인 이용을 위하거나 불가피한 사정으로 발생하는 농지의 임대차와 위탁경영은 법률이 정하는 바에 의하여 인정된다.

대한민국헌법 [시행 1988.2.25.] [헌법 제10호, 1987.10.29. 전부 개정]	제122조 국가는 국민 모두의 생산 및 생활의 기반이 되는 국토의 효율적이고 균형 있는 이용 · 개발과 보전을 위하여 법률이 정하는 바에 의하여 그에 관한 필요한 제한과 의무를 과할 수 있다.
	제123조 ① 국가는 농업 및 어업을 보호 · 육성하기 위하여 농 · 어촌종합개발과 그 지원 등 필요한 계획을 수립 · 시행하여야 한다. ② 국가는 지역 간의 균형 있는 발전을 위하여 지역경제를 육성할 의무를 진다. ③ 국가는 중소기업을 보호 · 육성하여야 한다. ④ 국가는 농수산물의 수급균형과 유통구조의 개선에 노력하여 가격안정을 도모함으로써 농 · 어민의 이익을 보호한다. ⑤ 국가는 농 · 어민과 중소기업의 자조조직을 육성하여야 하며, 그 자율적 활동과 발전을 보장한다.

되는 내용을 포함하고 있다. 우리나라 헌법은 재산권을 보장하기 때문에, 상속으로 받은 농지 중 경작하지 않는 농지에 대한 비농민의 소유권을 위해, 농지의 소유권을 세태의 변화에 따라 재정의한 것이다.

이렇게 헌법에서 농업에 대한 인식이 어떻게 달라져 왔는지 특히 농지에 대한 소유와 이용에 대한 생각이 어떻게 변화돼 왔는지 살펴볼 수 있다.

헌법에서 규정한 경자유전 원칙은 「농지법」을 통하여 구체적으로 실현된다. 「농지법」에서 규정하고 있는 농지는 다음과 같이 정의된다(제2조 정의). "농지란 전 · 답, 과수원, 그 밖에 법적 지목(地目)을 불문하고 실제로 농작물 경작지 또는 다년생식물 재배지로 이용되는 토지와 농축산물 생산시설로서, 「초지법」에 규정된 토지를 제외한 모든 토지를 말한다."

「농지법」은 1949년 「농지개혁법」 제정 이후 영세 · 가족농의 보호와 1972년 「농지의 보전 및 이용에 관한 법률」에 의한 전용제한 등의 규제 위주로 운용되어온 농지제도를 개편한 것이다. 다양한 농업경영체의 육성을 지원하고 농지 규모화를 촉진할 수 있도록 각종 규제를 완화하는

지식 발자국

토지개혁

토지개혁은 기존의 토지 소유와 이용에 대한 제도를 새롭게 정비하는 작업이다. 주로 토지개혁은 농지를 농민에게 분배하는 개혁정책을 말하는데 지주와 소작인 간의 계급갈등을 막는 효과가 있으며, 공산주의 국가나 사회주의 정권에서는 공산주의나 사회주의 경제 실천을 위해서 토지개혁이 시행된 경우가 많았다.

• 대한민국

남한의 농지 개혁은 대한민국 정부 수립 후 농지 개혁법이 제정된 후 추진되었다. 농지 개혁은 유상매상과 유상분배를 원칙으로 하여 1가구당 3정보 정도를 소유하도록 하였으며 이를 통해서 지주와 소작인들 간의 계급갈등이 해소되는 효과가 있었다.

• 북한

북한에서는 사유재산제도가 없어지고 모든 토지가 국유화되면서 그 의미가 없어지기는 했지만, 무상몰수·무상분배를 통해서 토지개혁을 시행했다. 하지만 토지를 북한 정부에게 몰수당한 지주들의 처지에서 토지개혁은 생존의 터전을 잃게 하는 것이어서, 그들은 자본주의 경제를 따르는 남한으로 월남하게 된다. 북한의 토지개혁은 농민의 처지에서 소작보다 유리한 것이 아니라는 비평을 받기도 한다. 북한은 토지를 분배한 후에 현물세율을 27퍼센트로 정했고 실제 수취는 이보다 더 높아 농민은 국가의 소작농으로 바뀐 것에 불과하다는 주장이다.

• 칠레

사회주의자인 살바도르 아옌데 대통령 시절, 칠레에서는 소작인들에게 토지를 나누어주는 토지개혁이 시행되었다. 이러한 토지개혁은 빈부의 격차가 해소되기를 바라던 민중에게는 지지를 받았지만, 기득권을 침해당한 칠레의 보수층인 지주나 고용주들이 고의적으로 노동자의 실업률을 높이면서 큰 반발을 사게 되었다. 마침내 1973년 미국의 지원을 받은 피노체트 군부의 칠레 9·11쿠데타로 아옌데 정부를 전복시키는 원인이 되었다.

• 일본

태평양 전쟁에서 일본이 패한 이후 일본에서는 경제민주화를 통해서 일본이 전쟁을 도발하지 못하게 하려는 미국 군정이 농업발전을 이유로 소작인들에게 토지를 나누어주는 토지개혁을 단행하였다. 이러한 토지개혁은 도조(소작인이 토지를 임대한 지주에게 내는 수수료)를 통하여 지주에게 착취당하던 소작인들의 지지를 얻으면서 뿌리 깊은 계급갈등을 없애는 효과가 있었다.

등 농업 현실에 부응하고 그 구조개선을 효율적으로 뒷받침할 수 있는 농지제도로 발전시키기 위하여 분산 규정되어 있는 농지 관련 법률들을 통합·정비하여 만들어진 종합적이고 기본적인 농지에 관한 법이다. 농지제도와 관련된 법으로는 「농지개혁법」(1949 제정, 1994년 폐지), 「농지개혁사업 정리에 관한 특별조치법」(1968 제정, 1994 폐지), 「지력증진법」(1966 제정, 1994 폐지), 「농지의 보전 및 이용에 관한 법률」(1972 제정, 1994 폐지), 「농지임대차관리법」(1986 제정, 1994년 폐지) 등이 있었는데, 1994년 「농지법」으로 모두 통합되었다. 법률 제06793호 개정(2002.12.18.)에서는 국제적 농업환경의 변화에 능동적으로 대처하기 위하여, 경자유전의 원칙에 따라 엄격하게 제한되어 오던 농지소유를 완화하였다. 외국도 농지소유의 기준을 완화하는 경향이 나타나고 있다. 대만은 2002년 비농업인의 농지소유를 허용하였고, 일본은 2000년 주식회사형 농산업 법인의 농지소유를 허용한 바 있다.

우리나라는 농촌인구의 고령화와 농지수요의 감소로 농지가격이 하락함으로써 농지거래가 원활하지 못하다는 점을 고려하여, 도시민들에게 농촌투자의 기회를 주는 방향으로 농지소유·거래 규제를 완화할 필요성이 대두하였다. 이에 법률 7604호 개정(2005.7.21.)은 농업회사법인의 농지소유요건 완화, 농지임대 허용범위 확대, 농지처분명령의 예외사유 확대 등 농지거래와 소유를 활성화하는 방향으로 개정하였다. 하지만 주택투기에서 농지투기로 투기화될 것이라는 비판이 제기되었고, 투기로 불법 취득한 농지를 합법화시켜 주는 수단으로 악용되는 사례가 있었다.

우리나라는 헌법에 농민만이 농지를 소유할 수 있도록 하고 있으며, 이 원칙은 변하지 않고 있다. 「농지법」은 농지의 상속 등 시대적 상황에 따른 다른 권리와의 충돌을 반영하기 위해, 예외를 두어 농지소유상한을 규정하고 있다. 농업경영, 이용자 이외의 사람이 소유할 수 있는 면적은

지식 발자국

농지개혁법

농지개혁법(農地改革法)은 농지를 농민에게 적절히 유상분배하여 자영농을 육성하고 농업생산력을 증진하여 농민생활을 향상하기 위한 목적으로 1949년 6월 21일에 제정된 대한민국의 법안이다. 당시 농지개혁법에 따른 농지 매수 및 분배 사업은 미국 군정의 귀속농지 매각사업과 함께 대한민국 농지개혁의 주요 사업 중 하나였으며, 1950년 3월에 개정되어 공포되었다.

• 배경 및 개요

해방 이후 1945년 11월 군정법령 제33호 '조선 내에 있는 일본인 재산의 취득에 관한 건'이 공포되면서 일본인의 개인 재산 및 동양척식회사를 위시한 일본계 회사의 재산은 미 군정 산하의 신한공사로 몰수 이관되어 관리되었다. 이때 신한공사는 소작료를 기존의 3분의 1 수준으로 부과하였으며, 미 군정 당국은 귀속농지의 매각을 위해 1947년 대대적인 농업조사를 하였다. 이후 1948년 3월 미 군정은 군정법령 제173호 '귀속농지매각령' 및 동령 제174호 '신한공사해산령'을 공포하면서 2정보 미만의 소유상한을 두고 해당 귀속농지를 신한공사의 소작농에게 먼저 불하하는 조처를 하였다. 농지의 매각가격은 1년 생산량의 3배로 산정하여 매년 소출의 20퍼센트를 15년간 현물로 내도록 하였으며, 등기를 통해 소유권이 일본인에서 곧바로 한국인으로 이전되는 형태였다. 귀속농지의 매각사업은 1948년 3월에 신설된 미 군정 산하의 중앙토지행정처에서 담당하였다.

당시 경제구조에서 농업이 차지하는 비중이 절대적으로 높았고, 농민의 대다수가 소작농이었기 때문에 농지개혁문제는 농민들에게 매우 중요한 문제였다. 하지만 농민들에게 '농지'와 '토지'가 매우 큰 관심인 것과는 달리 미 군정은 소작료를 3분의 1로 낮추고 소작권 자체만을 부활시켰을 뿐 근본적인 토지·농지개혁에는 매우 소극적이었다. 빈면, 38선 이북에서는 일찍이 북조선 임시 인민위원회에서 1946년 토지 및 농지개혁이 토지상한선 5정보로 무상몰수, 무상분배가 시행되었기 때문에 대한민국에서의 지지부진한 농지 및 토지개혁은 농민들의 불만을 고조시키는 요인이 되었다. 따라서 1948년 8월에 대한민국정부가 수립되면서 농민들의 가장 큰 관심사는 농지개혁이었다.

농민들의 농지 및 토지개혁에 대한 목소리가 높아지자, 제1공화국정부는 1949년에 농지개혁법을 제정하게 되었다. 농지개혁법이 처음 제정되었을 당시, 지주나 농민 양측 모두 반발하며 불만의 목소리를 높였다.

1950년 3월에 농지개혁법 개정안 및 동법시행령이, 4월에는 농지개혁법 시행규칙이 공포되면서 법적, 제도적 기반이 마련되었으며, 5월에 농지개혁법이 시행되었다. 농지개혁법에서도 미 군정의 귀속농지 매각사업에서와 마찬가지로 해당 경지의 현재 소작인에게 먼저 농지를 매각하도록 하였으며, 농지소유의 상한선을 3정보로 하고 거주지로부터 8킬로미터 이내에 있는 농지라는 제한을 두었다. 또한 귀속농지 매각사업에서와는 달리 1년 소출의 1.5배를 매각지가로 산정하여 매년 소출의 30퍼센트씩 5년간 균등 상환하도록 하였다. 하지만 한 달여 후인 1950년 6월 25일에 6 · 25전쟁이 발발함에 따라 농지개혁법의 전면적인 실시는 연기되었다.

1951년에는 귀속농지 특별조치법이 시행되면서 1948년 분배된 귀속농지도 농지개혁법의 상환조건을 준용하도록 하였다. 이후 1952년 4월 농림부 직제개정을 통해 기존의 농지국(내국)과 귀속농지관리국(외국)을 통합하여 농지관리국으로 설치하여 농지개혁을 담당하게 하였으나, 1953년이 되어서야 본격적으로 시행하여 개인 매각을 실시하였다.

1950에서 1970년까지 농지개혁법에 따라 매수 및 분배된 농지는 총 34만 2,365정보로 전국 농지 230만여 정보의 약 15퍼센트에 해당한다. 이후 1994년에 '농지법'이 제정됨으로써 농지개혁법은 폐지되었다.

• 결과 및 영향

농지개혁의 결과 기본적으로 기존의 500년 가까이 지속하여 오던 지주제가 해체되었으며, 농민들의 토지소유가 확립되어 상당수 농민이 자작농이 되었다. 또한, 이를 통하여 만성적으로 이루어지던 지주소작분쟁도 많은 부분 해결되었다는 점에 큰 의의를 두고 있다.

하지만 정부의 초기 경제 정책이 미흡했다는 점과 1950년부터 시행된 농지개혁은 분배 조건이 지나치게 까다로워 토지를 불하받은 농민이라 하더라도 원조물자로 말미암은 곡물값 폭락 등으로 쌀 가격이 생산비에 미치지 못하면서 영세농을 면하기가 어려웠다는 한계를 가지고 있다. 또한 농지개혁법이 통과되어 매각을 시행하기 이전에 미리 소식을 들었던 지주들은 토지를 빈농층에게 강매하기도 하였으며, 몇몇 지주들은 빈농층에게 다시 토지를 구매하여 신흥지주계급을 형성하기도 하였다.

시대적 상황에 따라 소유상한이 변화되어 왔다. 현재 농업의 규모화를 위해 「농지법」에서는 농민의 소유상한은 없어졌고, 「농지법」 제6조 소유제한 및 제7조 소유상한에 대한 조항을 통하여 농민 아닌 사람에 대한 규제는 여전히 존재하고 있으나 점차 완화되고 있다.

1994년 제정된 「농지법」에서는 농지의 상한을 농업진흥지역 밖의 농지는 3만 제곱미터, 상속으로 취득한 농지나 이농자는 1만 제곱미터 이내로 하고 있다. 이후 1999년에는 농업진흥지역 밖의 농지소유상한의 범위를 가구당 3만 제곱미터에서 5만 제곱미터로 상향조정하고 농지의 임대차기간 및 임차료 상한 제도를 폐지하였다.

2002년 개정(법률6793호)에서는 농업진흥지역 밖에서도 농지소유상한제를 폐지하여 농지의 소유 및 거래제한을 완화하고 주말·체험 영농을 하고자 하는 자는 1천 제곱미터 미만의 농지를 소유할 수 있도록 하였다. 또한 2005년 개정을 통하여 농지를 임대하거나 빌려 사용하는 경우 소유상한을 초과하더라도 계속 소유할 수 있도록 농지의 소유 및 임대차에 관한 제도를 보완하였고, 적정규모의 우량농지를 보전하고 농업인의 소득과 편의가 증진될 수 있도록 농지이용에 관한 규제를 합리적으로 조정하였다.

농지개혁법[시행 1949.6.21.] [법률 제31호, 1949.6.21. 제정]

제5조 정부는 좌에 의하여 농지를 취득한다.

1. 좌의 농지는 정부에 귀속한다.

   (가) 법령급 조약에 의하여 몰수 또는 국유로 된 농지

   (나) 소유권의 명의가 분명치 않은 농지

2. 좌의 농지는 적당한 보상으로 정부가 매수한다.

   (가) 농가 아닌 자의 농지

   (나) 자경하지 않는 자의 농지. 단, 질병, 공무, 취학 등 사유로 인하여 일시

이농한 자의 농지는 소재지위원회의 동의로써 도지사가 일정기한까지 보류를 인허한다.

(다) 본법 규정의 한도를 초과하는 부분의 농지

(라) 과수원, 종묘포, 상전 등 숙근성 작물재배토지를 3정보 이상 자영하는 자의 소유인 숙근성 작물재배 이외의 농지

제6조 좌의 농지는 본법으로써 매수하지 않는다.

1. 농가로서 자경 또는 자영하는 일가당 총면적 3정보 이내의 소유농지 단, 정부가 인정하는 고원, 산간 등 특수지역에는 예외로 한다.
2. 자영하는 과수원, 종묘포, 상전 기타 숙근성 작물을 재배하는 농지
3. 비농가로서 소규모의 가정원예로 경작하는 500평 이내의 농지
4. 정부, 공공단체, 교육기관 등에서 사용목적을 변경할 필요가 있다고 정부가 인정하는 농지
5. 공인하는 학교, 종교단체급 후생기관 등의 소유로서 자경 이내의 농지 단, 문교재단의 소유지는 별로히 정하는 바에 의하여 매수한다.
6. 학술, 연구 등 특수한 목적에 사용하는 정부인허 범위 내의 농지
7. 분묘를 수호하기 위하여 종전부터 소작료를 징수하지 아니하는 기존의 위토로서 묘매 일위에 2반보 이내의 농지
8. 미완성된 개간급 간척농지 단, 기완성부분은 특별보상으로 매수할 수 있다.
9. 본법 실시 이후 개간 또는 간척한 농지 단, 국고보조에 의한 것은 전호단서에 준한다.

전항 제1호의 농가로서 제2호, 제7호 내지 제9호의 비매수토지를 겸유할 경우에는 기면적은 제1호 면적에 합산하지 않는다. 단, 본법 실시 후 신규로 기경작농지를 제2호의 숙근성 작물에 전용하는 부분은 합산한다.

농지법[시행 2013.3.23.] [법률 제11694호, 2013.3.23. 타법개정]

제6조(농지 소유 제한) ① 농지는 자기의 농업경영에 이용하거나 이용할 자가

아니면 소유하지 못한다.

② 다음 각 호의 어느 하나에 해당하는 경우에는 제1항에도 불구하고 자기의 농업경영에 이용하지 아니할지라도 농지를 소유할 수 있다. 〈개정 2008.2.29, 2008.12.29, 2009.5.27, 2009.6.9, 2012.1.17, 2012.12.18, 2013.3.23.〉

1. 국가나 지방자치단체가 농지를 소유하는 경우
2. 「초·중등교육법」 및 「고등교육법」에 따른 학교, 농림축산식품부령으로 정하는 공공단체·농업연구기관·농업생산자단체 또는 종묘나 그 밖의 농업기자재 생산자가 그 목적사업을 수행하기 위하여 필요한 시험지·연구지·실습지 또는 종묘생산지로 쓰기 위하여 농림축산식품부령으로 정하는 바에 따라 농지를 취득하여 소유하는 경우
3. 주말·체험영농(농업인이 아닌 개인이 주말 등을 이용하여 취미생활이나 여가활동으로 농작물을 경작하거나 다년생식물을 재배하는 것을 말한다. 이하 같다)을 하려고 농지를 소유하는 경우
4. 상속[상속인에게 한 유증(遺贈)을 포함한다. 이하 같다]으로 농지를 취득하여 소유하는 경우
5. 대통령령으로 정하는 기간 이상 농업경영을 하던 자가 이농(離農)한 후에도 이농 당시 소유하고 있던 농지를 계속 소유하는 경우
6. 제13조 제1항에 따라 담보농지를 취득하여 소유하는 경우(「자산유동화에 관한 법률」 제3조에 따른 유동화전문회사 등이 제13조 제1항 제1호부터 제4호까지에 규정된 저당권자로부터 농지를 취득하는 경우를 포함한다)
7. 제34조 제1항에 따른 농지전용허가[다른 법률에 따라 농지전용허가가 의제(擬制)되는 인가·허가·승인 등을 포함한다]를 받거나 제35조 또는 제43조에 따른 농지전용신고를 한 자가 그 농지를 소유하는 경우
8. 제34조 제2항에 따른 농지전용협의를 마친 농지를 소유하는 경우
9. 「한국농어촌공사 및 농지관리기금법」 제24조 제2항에 따른 농지의 개발사

업지구에 있는 농지로서 대통령령으로 정하는 1천500제곱미터 미만의 농지나 「농어촌정비법」 제98조 제3항에 따른 농지를 취득하여 소유하는 경우

9의2. 제28조에 따른 농업진흥지역 밖의 농지 중 최상단부부터 최하단부까지의 평균경사율이 15퍼센트 이상인 농지로서 대통령령으로 정하는 농지를 소유하는 경우

10. 다음 각 목의 어느 하나에 해당하는 경우

가. 「한국농어촌공사 및 농지관리기금법」에 따라 한국농어촌공사가 농지를 취득하여 소유하는 경우

나. 「농어촌정비법」 제16조 · 제25조 · 제43조 · 제82조 또는 제100조에 따라 농지를 취득하여 소유하는 경우

다. 「공유수면매립법」에 따라 매립농지를 취득하여 소유하는 경우

라. 토지수용으로 농지를 취득하여 소유하는 경우

마. 농림축산식품부장관과 협의를 마치고 「공익사업을 위한 토지 등의 취득 및 보상에 관한 법률」에 따라 농지를 취득하여 소유하는 경우

바. 「공공토지의 비축에 관한 법률」 제2조 제1호 가목에 해당하는 토지 중 같은 법 제7조 제1항에 따른 공공토지비축심의위원회가 비축이 필요하다고 인정하는 토지로서 「국토의 계획 및 이용에 관한 법률」 제36조에 따른 계획관리지역과 자연녹지지역 안의 농지를 한국토지주택공사가 취득하여 소유하는 경우. 이 경우 그 취득한 농지를 전용하기 전까지는 한국농어촌공사에 지체 없이 위탁하여 임대하거나 사용대(使用貸)하여야 한다.

③ 제23조 제2호부터 제6호까지의 규정에 따라 농지를 임대하거나 사용대(使用貸)하는 경우에는 제1항에도 불구하고 자기의 농업경영에 이용하지 아니할지라도 그 기간 중에는 농지를 계속 소유할 수 있다.

④ 이 법에서 허용된 경우 외에는 농지 소유에 관한 특례를 정할 수 없다.

제7조(농지 소유 상한) ① 상속으로 농지를 취득한 자로서 농업경영을 하지

아니하는 자는 그 상속 농지 중에서 총 1만 제곱미터까지만 소유할 수 있다.

② 대통령령으로 정하는 기간 이상 농업경영을 한 후 이농한 자는 이농 당시 소유 농지 중에서 총 1만 제곱미터까지만 소유할 수 있다.

③ 주말·체험영농을 하려는 자는 총 1천 제곱미터 미만의 농지를 소유할 수 있다. 이 경우 면적 계산은 그 세대원 전부가 소유하는 총면적으로 한다.

④ 제23조 제7호에 따라 농지를 임대하거나 사용대(使用貸)하는 경우에는 제1항 또는 제2항에도 불구하고 소유 상한(上限)을 초과할지라도 그 기간에는 그 농지를 계속 소유할 수 있다.

현행 「농지법」은 토지의 활용도에 따라 농업진흥구역, 농업보호구역, 기타구역 등을 지정하고, 법률에 따라 농지의 매매를 제약하고 있다. 따라서 토지가격은 매매가 상대적으로 쉬운 기타구역, 농업보호구역, 농업진흥구역순으로 형성되면서, 평지에 있고 활용도가 높은 농지가격보다 산지에 있는 다랑논의 가격이 더 높게 형성되는 아이러니한 상황을 만들고 있다. 결국 이는 법률이 농민의 재산권을 제약하는 결과로 나타났고, 농민이 느끼는 상대적 박탈감의 근거가 되고 있다. 법률에 따라 소유와 이용이 제약된 농지를 소유한 농민들은 우리나라 발전과정에서 소외되면서 초기에는 농민을 보호하기 위해 도입된 '경자유전' 원칙이 결과적으로 농민의 재산권을 제약하는 장치로 작용하게 되었다.

「농지법」 제20조에서는 유휴농지에 대하여 대리경작자를 지정하게 되어 있으며, 제32조에서는 농업진흥구역에 대한 행위 제한이 존재하며, 농지전용에 따라 대체농지를 조성할 수 있도록 하였다. 제38조에서는 농지보전부담금을 부담하도록 하여 농지관리기금을 조성하여 활용하게 되었다. 이처럼 농지는 다른 토지와는 달리 그 제약이 매우 큼을 살펴볼 수 있다.

농지법(농업진흥구역)

제32조(용도구역에서의 행위 제한) ① 농업진흥구역에서는 농업 생산 또는 농지 개량과 직접적으로 관련되지 아니한 토지이용행위를 할 수 없다. 다만, 다음 각 호의 토지이용행위는 그러하지 아니하다. 〈개정 2009.5.27, 2012.1.17.〉

1. 대통령령으로 정하는 농수산물(농산물 · 임산물 · 축산물 · 수산물을 말한다. 이하 같다)의 가공 · 처리 시설의 설치 및 농수산업(농업 · 임업 · 축산업 · 수산업을 말한다. 이하 같다) 관련 시험 · 연구 시설의 설치
2. 어린이놀이터, 마을회관, 그 밖에 대통령령으로 정하는 농업인의 공동생활에 필요한 편의 시설 및 이용 시설의 설치
3. 농업인 주택, 어업인 주택이나 그 밖에 대통령령으로 정하는 농업용 시설, 축산업용 시설 또는 어업용 시설의 설치
4. 국방 · 군사 시설의 설치
5. 하천, 제방, 그 밖에 이에 준하는 국토 보존 시설의 설치
6. 문화재의 보수 · 복원 · 이전, 매장 문화재의 발굴, 비석이나 기념탑, 그 밖에 이와 비슷한 공작물의 설치
7. 도로, 철도, 그 밖에 대통령령으로 정하는 공공시설의 설치
8. 지하자원 개발을 위한 탐사 또는 지하광물 채광(採鑛)과 광석의 선별 및 적치(積置)를 위한 장소로 사용하는 행위
9. 농어촌 소득원 개발 등 농어촌 발전에 필요한 시설로서 대통령령으로 정하는 시설의 설치

② 농업보호구역에서는 다음 각 호 외의 토지이용행위를 할 수 없다.

1. 제1항 각 호에 따른 토지이용행위
2. 농업인 소득 증대에 필요한 시설로서 대통령령으로 정하는 건축물 · 공작물, 그 밖의 시설의 설치
3. 농업인의 생활 여건을 개선하기 위하여 필요한 시설로서 대통령령으로 정하는 건축물 · 공작물, 그 밖의 시설의 설치

③ 농업진흥지역 지정 당시 관계 법령에 따라 인가·허가 또는 승인 등을 받거나 신고하고 설치한 기존의 건축물·공작물과 그 밖의 시설에 대하여는 제1항과 제2항의 행위 제한 규정을 적용하지 아니한다.

④ 농업진흥지역 지정 당시 관계 법령에 따라 다음 각 호의 행위에 대하여 인가·허가·승인 등을 받거나 신고하고 공사 또는 사업을 시행 중인 자(관계 법령에 따라 인가·허가·승인 등을 받거나 신고할 필요가 없는 경우에는 시행 중인 공사 또는 사업에 착수한 자를 말한다)는 그 공사 또는 사업에 대하여만 제1항과 제2항의 행위 제한 규정을 적용하지 아니한다.

1. 건축물의 건축
2. 공작물이나 그 밖의 시설의 설치
3. 토지의 형질변경
4. 그 밖에 제1호부터 제3호까지의 행위에 준하는 행위

이러한 농지에 대한 법적 제약은 표 5-2에서 강원도 산간지역의 농지 실거래 가격현황(2008년)을 통해 살펴볼 수 있듯이 농지의 재산적 가치에도 영향을 미쳤음을 알 수 있다. 진흥지역이 비진흥지역에 비해 적게는 17퍼센트에서 최대 50퍼센트에 미치지 못하고 있다. 주변의 다른 용도지역과 비교해 본다면 이 차이는 더욱 크게 나타나게 된다.

표 5-2 강원도 산간지역의 농지 실거래(평당) 가격 현황(2008년)[22]

지역	진흥지역(A)	비진흥지역(B)	대비(A/B)
춘천근교(사북면)	10만 원	20~30만 원	0.33~0.50
인제군(기린면)	10~15만 원	30~50만 원	0.20~0.50
홍천군(서식면)	5~10만 원	30만 원	0.17~0.33
영월군(수주면)	5~7만 원	15만 원	0.33~0.47

지식 발자국

농지와 농민의 관계

농지를 소유한 사람이 갖는 대표적 권한은 토지에 대한 소유권, 토지의 이용권(경작권), 지상권, 토지에 대한 환매권, 관련된 수리권이다. 하지만 우리나라는 토지공개념을 통해 법률로 토지에 대한 권한을 제한할 수 있게 된다. 이는 유상인 경우도 있지만 무상인 경우도 있으며 권리침해에 대한 청구에 대해 반드시 보상이 이루어지지도 않는다. 특히 사유재산이라는 측면에서 농지는 법적 권리에 많은 제한을 받는다. 가장 큰 것이 농경지에 대한 소유자격으로 '경자유전'이 존재하면서 사고파는 사람이 경자로 제한되므로 시장형성이 어려우며 토지 소유권자의 재산권 실현이 매우 제한적이다. 따라서 농지는 농사를 경영하는 농민과 토지가 하나의 '영조물'로서의 성격을 갖게 된다.

'영조물'은 시설과 이에 대한 관리를 담당하는 사람들을 포괄적으로 지칭하는 개념이다. 예를 들면 서울대학교병원은 병원의 건물뿐만 아니라 의사와 간호사를 포함해서 이를 운영하고 관리하는 모든 사람을 포함한다. 그러나 실질적으로 이에 포함된 고용인은 의사결정에는 참여할 수 없다. 그럼 환자는 어떨까? 서울대학교병원이라는 영조물의 이용자가 된다.

3. 농지은행사업

'농지은행'이라는 용어는 일본에서 유래된 것으로 한국의 농지은행의 개념 및 주요 기능은 일본에서 사용되는 것과는 크게 다르다. 일반적으로 '은행업'이라 함은 예금의 수입, 유가증권, 기타 채권증권의 발행에 의하여 불특정 여러 사람으로부터 채무를 부담함으로써 조달한 자금을 대출하는 것을 업으로 행하는 것을 의미한다. 하지만 '농지은행'은 은행업법의 정의를 원용하여 미래의 농지 수요에 대비하여 농지의 소유권 또는 이용권을 수집하여 보관 또는 등록해 두었다가 실수요자인 농업인에게 소유권 또는 이용권을 인도함으로써 실수요자에 대한 서비스를 제공하는 조직으로 정의하고 구체적 업무로 농지의 매매, 임대, 보유, 관리 등을 제시할 수 있지만, 은행이라는 용어를 사용한다고 해서 은행업상의 조직처럼 이해할 수는 없다.

한편 농림부 내부 자료에서 농지은행의 주요 기능을 농지의 구매, 보유, 관리, 매매, 교환, 임대, 경영 이양 등 농지와 관련된 모든 정보를 일괄작업(one-step service)으로 처리하는 것으로 정의하고 있다. 농지은행 제도는 농지시장의 불안정 요소를 최소화하여 농지시장의 가격 및 수급 안정을 도모하고, 비농업인의 농지소유 허용이 농지투기문제로 전환되지 않고 전업농 육성 및 농업구조개선을 가능하도록 하는 농지관리기구로서의 기능과 역할을 의미하는 것으로 이해할 수 있다.[23]

「농지법」 및 「한국농촌공사 및 농지관리기금법」에 구체적으로 담겨 있는 농지은행의 주요 사업은 농지임대수탁사업, 농지매도수탁사업, 경영회생지원 농지매입사업, 농지매입 · 비축사업 등 4종류이며, 농지정보 제공사업을 포함할 경우는 5종류이다. 이 사업은 농지소유제도 완화 등 「농지법」 개정에 따라 농지의 유동화, 체계적인 농지수탁관리, 농지경영 회생지원 등을 통해 농지이용효율 증대 및 전업농가 등의 농업소득 증가에 이바지함을 목표로 한다.

농지임대수탁사업이란 1996년 이후 취득한 농지로서 상속이나 이농으로 소유하는 농지, 장래 농업경영 목적으로 취득한 자의 농지를 수탁하여 전업농 등에게 장기 임대하는 규모화 촉진사업을 말한다. 2005년 10월부터 시행되고 있는 이 사업은 농지시장에서의 직접적인 농지매입, 비축사업이 추진되지 않는 현 단계로서는 농지은행 기능의 핵심 사업이다. 농지은행이 농지소유자와 임차자 간의 매개자로서 양쪽 당사자와 각각 계약을 체결하는 방식으로 운영되며, 임대기간은 임차농의 영농 안정성을 위해 5년 이상을 보장하며, 수탁농지는 전업농의 영농 규모화를 촉진하는 방향으로 임차를 알선한다.

경영회생지원 농지매입사업이란 연체, 채무 등의 사유로 경영위기에 처하고 부채규모가 5천만 원 이상인 농업인 또는 농업법인의 농지, 농업용 시설 등을 사들여 부채규모를 축소하고 경영회생 지원, 농업전문 인력의 손실을 방지하는 사업을 말한다. 2006년 6월부터 시행되고 있는 사업으로서 연체 또는 자연재해로 경영위기에 처한 농가의 농지를 농지은행이 사들이고 매각대금으로 부채를 갚도록 한 후 매입농지는 당해 농가가 5년간 빌릴 수 있도록 한 후, 경영실태 평가를 거쳐 3년 이내에서 임대기간을 연장할 수 있고 환매권도 보장할 수 있게 하였다.

농지매도수탁사업이란 농지이용실태조사결과 자경하지 않는 농지로서 처분통지를 받은 농지나 농지소유자가 매도를 희망하는 농지를 농지은행이 수탁받아 전업농, 신규 창업농 등에 매도해주는 사업으로서 수탁기간은 처분받은 농지는 6개월, 기타 농지는 공사와 위탁자 간의 협의로 결정되며 매도가격은 실거래가격과 공시지가를 고려하여 공사와 위탁자 간의 협의로 결정된다.

농지매입 · 비축사업이란 급격한 가격하락 지역의 농지, 영세 · 고령 농가의 농지 가운데 처분에 어려움을 겪는 농지를 매입 · 비축하여 농지시장의 안정과 농업구조개선에 이바지할 목적으로 시행하는 사업이다. 농지매입 · 비축사업의 시행 시기는 미정이나 농지가격 하락추세, 하락률 및 다른 용도지역의 토지가격 변동률 등을 종합 검토하여 매입 시기, 규모 등을 결정한다.

농지정보제공사업은 2005년 7월부터 농지은행 포털 사이트를 구축하여 운영 · 시행하고 있으며 이 사업은 수입개방에 의한 농지시장에 미칠 충격을 완화하고 안정적으로 관리하기 위해 온라인상에서 농지 거래, 가격, 매매 · 임대차 등에 관한 정보를 실시간으로 올려 농업 · 농촌 · 농지에 관심이 있는 사람은 누구나 손쉽게 접근 이용할 수 있도록 하여 농지시장에 유동성과 탄력성을 부여하기 위한 사업이다.

토의 우리나라 농지거래의 자유화에 따라 발생할 문제를 논하라.

4. 수자원

우리나라는 하천 사용의 이익을 증진하고 하천을 자연친화적으로 정비·보전하며 하천의 유수(流水)로 말미암은 피해를 예방하기 위하여 하천의 지정·관리·사용 및 보전 등에 관한 사항을 하천법으로 제정하여 자세히 규정해 놓고 있다. 이렇게 하천법은 하천을 적정하게 관리하고 공공복리의 증진에 이바지함을 목적으로 한다. 하천은 하천법 제2조에 정의되어 있으며, 그 공공성 때문에 개인적인 권리를 설정할 수 없고 국가가 관리할 의무를 진다.

하천법 제2조(정의)

1. "하천"이라 함은 지표면에 내린 빗물 등이 모여 흐르는 물길로서 공공의 이해에 밀접한 관계가 있어 제7조 제2항 및 제3항에 따라 국가하천 또는 지방하천으로 지정된 것을 말하며, 하천구역과 하천시설을 포함한다.
2. "하천구역"이라 함은 제10조 제1항에 따라 결정된 토지의 구역을 말한다.
3. "하천시설"이라 함은 하천의 기능을 보전하고 효용을 증진하며 홍수피해를 줄이기 위하여 설치하는 다음 각 목의 시설을 말한다. 다만, 하천관리청이 아닌 자가 설치한 시설에 관하여는 하천관리청이 해당 시설을 하천시설로 관리하기 위하여 그 시설을 설치한 자의 동의를 얻은 것에 한한다.

가. 제방 · 호안(護岸) · 수제(水制) 등 물길의 안정을 위한 시설

나. 댐 · 하구둑(「방조제관리법」에 따라 설치한 방조제를 포함한다) · 홍수조절지 · 저류지 · 지하하천 · 방수로 · 배수펌프장(「농어촌정비법」에 따른 농업생산기반시설인 배수장과 「하수도법」에 따른 하수를 배제(排除)하기 위하여 설치한 펌프장을 제외한다) · 수문(水門) 등 하천수위의 조절을 위한 시설

다. 운하 · 안벽(岸壁) · 물양장(物揚場) · 선착장 · 갑문 등 선박의 운항과 관련된 시설

라. 그 밖에 대통령령으로 정하는 시설

하천법 제4조

① 하천 및 하천수는 공적 자원으로서 국가는 공공이익의 증진에 적합한 방향으로 적절히 관리하여야 한다.

② 하천을 구성하는 토지와 그 밖의 하천시설에 대하여는 사권(私權)을 행사할 수 없다. 다만, 다음 각 호의 어느 하나에 해당하는 경우에는 그러하지 아니하다.

하천법 제7조

② 국가하천은 국토보전상 또는 국민경제상 중요한 하천으로서 다음 각 호의 어느 하나에 해당하여 국토해양부장관이 그 명칭과 구간을 지정하는 하천을 말한다.

1. 유역면적 합계가 200제곱킬로미터 이상인 하천
2. 다목적댐의 하류 및 댐 저수지로 인한 배수영향이 미치는 상류의 하천
3. 유역면적 합계가 50제곱킬로미터 이상이면서 200제곱킬로미터 미만인 하천으로서 다음 각 목의 어느 하나에 해당하는 하천

③ 지방하천은 지방의 공공이해와 밀접한 관계가 있는 하천으로서 시 · 도지사

가 그 명칭과 구간을 지정하는 하천을 말한다.

하천법에는 제7장 하천수의 사용 및 분쟁조정에서 수자원의 사용에 대한 조항이 있으며, 대통령령에는 하천수의 사용허가, 사용 용도에 따른 사용료에 대해 구체적으로 규정하고 있다. 하천법 제49조 및 동법시행령 제54조에 의해 타인의 권리와 공공의 이익을 침해하지 않는 범위에서 수자원을 사용하게 되어 있으며, 사용 조정이 필요하면 생활용수, 공업용수, 농업용수, 그 밖의 용수 순으로 우선순위를 부여하고 있다. 또한 하천수를 사용하기 위해서는 제50조에 의해 사용허가를 받아야 한다.

하천법 제49조(하천수 사용 및 배분의 원칙)

① 하천수는 타인의 권리와 공공의 이익을 침해하지 아니하고 물 관리에 지장이 없는 범위 안에서 사용되어야 하며, 모든 국민이 그 혜택을 고루 향유할 수 있도록 배분되어야 한다.

② 제53조 제1항 제2호에 해당하는 때의 용수배분의 우선순위는 대통령령으로 정한다.

하천법 시행령 제54조(용수배분의 우선순위)

법 제49조 제2항에 따른 용수배분은 생활용수, 공업용수, 농업용수, 그 밖의 용수 순서대로 하되, 그 밖의 용수 간의 우선순위는 법 제53조 제3항에 따른 하천수조정협의회에서 조정하는 바에 따른다.

하천법 제50조(하천수의 사용허가 등)

① 생활·공업·농업·환경개선·발전·주운(舟運) 등의 용도로 하천수를 사용하려는 자는 대통령령으로 정하는 바에 따라 국토해양부장관의 허가를 받아야 한다. 허가받은 사항 중 대통령령으로 정하는 중요한 사항을 변경하려

는 경우에도 또한 같다. 〈개정 2009.4.1.〉

② 국토해양부장관은 제1항에 따라 허가를 한 때에는 그 내용을 관할 시·도지사에게 통보하여야 한다. 〈개정 2009.4.1.〉

③ 국토해양부장관은 다음 각 호의 어느 하나에 해당되는 경우에는 제1항에 따른 허가를 하지 아니하거나 취수량을 제한할 수 있다.

「농어촌정비법」에 정의된 '농어촌용수'란 농어촌지역에 필요한 생활용수, 농업용수, 공업용수, 수산용수와 환경오염을 방지하기 위한 용수를 말한다(제2조). 이처럼 최근에는 과거의 농업용수 기능뿐만 아니라 다양한 기능을 포괄하는 수자원의 개념으로 변화하였다. 이러한 농어촌정비법은 농어촌용수의 효율적인 개발·이용 및 보전 등을 위하여 농어촌용수 이용 합리화 계획을 세우고 추진하게 되어 있으며, 농어촌용수를 체계적으로 개발하고, 합리적으로 이용하며, 수질을 관리·보전하기 위하여 농어촌용수구역을 설정하여 운용할 수 있다(농어촌정비법 제15조, 농어촌정비법 시행령 제23조). 농어촌용수구역은 농지, 농어촌의 마을과 농어촌용수 이용 합리화 계획에 필요하다고 인정되는 농어촌지역과 관련된 소규모의 유역, 소하천(하천은 제외) 수질 관리의 보전이 필요하다고 인정되는 유역을 설정할 수 있다(농어촌정비법 시행령 제24조).

우리나라는 2천 년 이상 물을 가두어 벼를 재배하는 관개농업을 시행해 왔으며, 이를 통하여 가뭄을 극복하였다. 농업과 수자원 그리고 관개시설을 중심으로 한 농업생산기반은 이와 밀접한 관계가 있다. 농업수리사업의 역사는 농업의 기원과 때를 같이한다. 중국에서는 이미 춘추전국시대에 대규모로 인공적 관개시설을 만들었다. 이집트는 나일 강의 물을 다스려 농경에 이용하였다.

한국에서는 이미 삼국시대부터 관개사업이 발달하기 시작하였다. 138년(신라 일성왕 11)에 전국에 제방을 쌓도록 하는 명령이 시달되었다.

330년(흘해왕 21)에는 지금의 전북 김제시에 벽골제(碧骨堤)가 축조되었으며, 현재 그 유적으로 석주(石柱)·수문(水門) 등이 남아 있다.

고려시대에는 1170년(의종 24)에 황해도 연백에 있는 남대지(南大池)를 개축하였으며, 조선시대에 들어와서는 1415년(태종 15)에 벽골제를 수축하고, 1476년(성종 7)에는 전국 각도에 있는 언제(堰堤)를 수축하였다. 1636년(인조 21)에는 김자점(金自點)이 황해도 봉산군에 어지둔보(於之屯洑)를 축조하여 약 500정보의 논을 관개하고, 경기 장호원에 김자점보를 축조하여 논을 관개하였다. 또한 1645년(효종 1)에는 수차(水車)를 제작하여 관개하는 데 사용하였고, 1779년(정종 3)에는 경기 수원시에 축만제(祝萬堤)를 축조하여 관개에 사용하였다. 축만제는 그 후 개수를 거듭하여 현재 농촌진흥청에 속하는 서호(西湖)로 되었다. 또 고종(高宗) 때에는 충남 합덕제방(合德堤防)을 수축하기도 하였다. 1730년(영조 6) 당시의 대소 언제의 수는 3,575개소에 달하였으며, 1782년(정조 6)에도 3,378개소, 그리고 1909년의 농공상부(農工商部) 발표에 의하면 대소 언제수는 2,781개소였다.

조선 태조(太祖) 때에 권농관(勸農官)을 임명하여 언제의 수축을 감독하게 하였고, 1662년(현종 3)에는 제언사(堤堰司)를 설치하여 각 도의 제언 사업을 관장하게 하였다. 1778년(정조 2)에는 '제언절목(堤堰節目)', 즉 저수지대장(貯水池臺帳)을 작성하여 각 도에 나누어 주고 그 유지·관리를 철저히 하도록 하였다.

그 후 일제강점기 때의 수리사업은 3기로 나누어 볼 수 있다. 제1기는 1906~1919년이며 수리조합조례·국유미간지 이용법 등이 시행되었다. 기존 시설의 실태조사를 한 결과 저수지 6,300개소, 보(洑) 20만 7,000개소에 대한 농업수리면적은 23만 정보였다. 또 수리조합 15개소를 설치하고 저수지와 보의 개수·보수를 시행하였다.

제2기는 1920~39년으로, 일본 본토를 공업화하고 부족한 식량을 보충하기 위해, 한국의 농업에서 증산을 도모하기 위하여 이른바 산미증식계획(産米增殖計劃)을 세웠다. 이에 조선토지개량 주식회사와 동양척식회사[東拓]를 설립하는 동시에 173개의 수리조합을 설치하였다. 또한 장래 토지개량사업을 할 수 있는 지역을 조사하였다.

제3기는 1940년부터 1945년 8·15광복까지인데, 세계대전 중 군량미를 조달할 목적으로 농지개발영단까지 설립하고 수리사업을 강행하였다. 일제강점기 36년 동안 남북한을 통틀어 598개의 수리조합이 설립되었는데, 그 농업수리면적은 35만 6,700정보였다. 8·15광복 후 정치·사회의 혼란으로 수리사업은 일시 정체(停滯)되었고 미국의 원조로 다시 착수되었지만 다시 6·25전쟁으로 중단되는 시련을 겪어야 했다. 그 후 농지개혁특별회계법(農地改革特別會計法)의 공포 시행으로 받게 된 농지상환금액(農地償還金額) 및 미국의 원조 등으로 수리사업은 다시 추진되었다.

1945년 해방 이후 1960년까지는 전후복구기간으로 농지개량조합 중심의 수리사업을 지속하였으며, 전쟁 중 피해 수리시설 복구를 위해 식량증산 및 수리시설 복구를 위한 원조협정(UNKRA)에 따라 개보수를 추진하였다. 농업생산기반 정비의 법적 기반은 1961년 8월 「수리조합합병에 관한 특별조치법」이 개정되면서 마련되었으며, 동년 12월에 「토지개량사업법」을 제정하여 조선수리조합령, 조선토지개량령, 조선농지개발영단령 등을 폐지하고 단일법으로 개편하였다. 1960년대 제정된 농업기반정비 관련 법률로는 「수리조합합병에 관한 특별조치법」, 「토지개량사업법」, 「공유수면매립법」, 「개간촉진법」, 「방조제관리법」, 「농경지조성법」, 「지하수개발공사법」 등이 있다. 이러한 관련 법류의 전면적인 정비를 통하여 사업의 계획적 추진이 이뤄졌다. 저수지나 보 위주의 농업용수개발에 양수장, 지하수 개발이 추가되었고, 계단식 개간, 경지정리사업이 시도되었다. 「수리조합합병에 관한 특별조치법」을 통하여 영세수리조합을 지역단위로 통합하였다. 조합운영경비를 절감하여 농민부담을

경감시키고 농지개량시설을 효율적으로 관리하고자 한 것이다. 이 밖에도 1923년에 제정된 조선공유수면매립법을 「공유수면매립법」으로 전면 개정하였다.

1970년대(1970~1989)는 농업기반정비사업의 전성기로 외국차관 도입으로 기반 정비 분야의 기술 수준이 향상되었으며 대단위 농업종합개발사업이 추진되었다. 「토지개량사업법」과 「지하수개발공사법」이 「농촌근대화촉진법」으로 대체되었으며, 「토지개량사업 장기채정리 특별조치법」은 「농지개량조합육성에 관한 특별조치법」으로, 「농경지조성법」은 「농지확대개발촉진법」으로 개정되었다. 대단위 농업종합개발사업은 개별적 단위사업인 농지개량사업을 국토 전체로 확대하여 종합적으로 개발하는 방향으로 추진하였으며, 금강평택지구(1967)를 시작으로 1978년까지 12개 지구에서 사업이 추진되었다. 1972년 세계 곡물시장의 가격 폭등으로 식량 확보 문제가 대두하였으며, 「농지개발확대촉진법」(1974)을 통하여 야산을 중심으로 한 개간사업이 확대되었다. 용수개발은 이전까지 용수부족을 해결하기 위한 용수개발 중심에서 작물생육에 맞는 물관리를 위한 배수개선사업으로 변화하였다.

1990년대는 UR대책에 따른 경쟁력 제고 및 농촌 공간 개념이 도입된 시기로 농업구조개선 및 시장개방에 따른 농업경쟁력 제고 측면에서 농어촌정비사업이 시행되었다. 이를 위해 「농어촌발전특별조치법」, 「농어촌정비법」, 「농어촌진흥공사 및 농지관리기금법」, 「농지개량조합법」, 「농업기반공사 및 농지관리기금법」이 제정되었다. 이 시기 수리시설과 관련하여 1989년 수혜자 부담원칙에서 전액 국고보조로 수리시설 시설관리가 시작되었다. 이는 방재시설로의 수리시설의 역할, 낡은 시설의 개보수, 관리시설의 보강 등으로 확대되었다.

5. 농업 · 농촌의 다원적 기능

2000년 경제협력개발기구(OECD: Organization of Economic Cooperation and Development)의 보고서를 보면 "농업이 상품과 비상품을 결합 생산할 때, 생산되는 비상품이 외부성[1]이나 공공재의 성격을 가진 것이어서 시장의 실패를 야기한다면 농업은 다원적 기능을 가진다고 할 수 있다"고 한다. 현재까지 행하여진 연구에서 다루어진 농업의 다원적 기능을 나열하면 표 5-3과 같다.

그리고 이와 같은 농업의 다원적 기능에 의해 생산되는 재화 및 서비스를 '농업 비상품재(agricultural non-commodity)'라 부른다. 농업의 다원적 기능에 대한 제도적 정의는 국내법, 국제 선언이나 조약 등에 나열된 사항들이라고 할 수 있다. 앞에서 다룬 이론적 정의에서는 농업의 다원적 기능으로 다양한 것들이 인정되고 있으나 제도적으로 인정받고 있는 것은 일부분에 지나지 않는다. 환경 보전, 전통과 문화, 식량안보, 농촌의 쾌적성, 관광 및 휴양자원이 WTO 협정문 또는 국내법(농업기본법)에 언급되어 있을 뿐이다.

표 5-3 농업의 다원적 기능

• 농촌인력 고용의 유지	• 가족농 유지
• 농촌문화유산 보전	• 관개시설 보존
• 농촌사회 유지	• 생물에너지 보존
• 생물적 · 생태적 다양성 보존	• 음식의 질과 안정성 향상
• 농업 · 농촌을 이용한 여가 선용 제공	• 농촌경관
• 농촌관광자원 공급	• 식량안보
• 토양과 물과 공기의 정화	• 동물복지의 함양 등

1) 외부성은 외부효과로도 불린다. 어떤 경제활동과 관련해 당사자가 아닌 다른사람에게 의도하지 않은 혜택이나 손해를 발생시키는 것을 말한다.

농업기본법의 기본이념에서 농업, 농업인, 농촌에 대한 방향을 다음과 같이 제시하면서, 식량안보, 환경보전, 전통과 문화, 생활공간과 기타 공익적 기능이 농업의 다원적 기능에 의하여 생산되는 비상품재임을 인정하고 있다.

> '농어업'은 국민의 식량을 안정적으로 공급하고 국토 환경보전에 이바지하는 등 경제적·공익적 기능을 수행하는 기간산업으로서 국민의 경제·사회·문화 발전의 기반이 되도록 한다.
> '농어업인'은 자율과 창의를 바탕으로 다른 산업 종사자와 균형된 소득을 실현하는 경제주체로 성장하여 나가도록 한다.
> '농어촌'은 고유한 전통과 문화를 보존하는 풍요로운 산업·생활공간으로 발전시켜 이를 미래세대에 물려주도록 한다.

국제적으로도 농업의 다원적 기능에 대해 인정하고 있다. 특히, 식량안보와 농업의 지속적 발전에 관한 측면에서 이를 인정하였다. 경제협력개발기구(OECD)의 농업각료 위원회(Agricultural Ministers Committee)는 "농업은 식량과 섬유 생산이라는 1차적 기능 외에 토지보전(conservation), 재생 가능한 자연자원의 지속적 관리, 생물다양성의 보존(preservation), 농촌지역의 사회경제적 활력 유지와 같은 환경적 이익을 제공한다. 농업이 식량과 섬유 생산이라는 1차적 기능 이외의 여러 가지 기능을 제공할 때 '농업이 다원적 기능을 제공한다'고 한다."라고 선언하였다. 카타르의 도하(Doha)에서 채택된 WTO 제4차 각료회의 선언문에서는 "우리는 회원국들이 제출한 협상 제안서에 반영된 비교역적 관심사항(non-trade concerns)에 주목하고, WTO 농업협정에 규정된 대로 비교역적 관심사항이 고려되어야 함을 확인한다."라고 하였다.

농업은 식량을 생산하는 전통적인 역할과 함께 사회에 유익한 여러 가지 비시장재화(non-commodity output)를 부수적으로 생산하게 된다. 농업·농촌의 시장경쟁력 확보와 사회적 의식 개선이 중요해진 최근 이와 같은 다원적 기능의 중요성에 대해 인식하게 되었다. 노르웨이, 핀란드, 스위스 일본 등은 국가 차원에서도 이를 농업을 보호하는 중요한 수단으로 이용하고 있으며, FAO, OECD, WTO 등의 국제기구에서도 이를 인정하고 있다. WTO 농업협정 서문 및 제20조는 농산물 무역자유화 협상 과정에서 식량안보, 환경보전 등 비교역적 기능(NTC)을 고려해야 한다고 명시하였고, 2004년 도하개발아젠다(DDA) 초안에는 다원적 기능을 인정하고 소수 NTC 품목에 대해서는 관세 상한 예외 가능성을 시사하였다. 이러한 흐름에 발맞춰 우리나라에서도 우리 농업·농촌이 갖는 가치를 조사하고 증진시키려는 노력을 계속하고 있다. 한국농촌경제연구원(2004)에서는 『농업·농촌종합대책 실천방안 연구』라는 보고서에서 농업의 다원적 기능을 금전적으로 환산하였을 때, 매년 농촌 활력 제고로 8,165억 원, 지역 균형발전 효과로 1조 6,676억 원, 농촌경관 보전으로 4조 316억 원 등 연간 총 28조 3,771억 원의 가치를 지니고 있다고 분석하였다.

우리나라 국민이 갖는 농촌에 대한 인식도 변화하고 있다. 한국농촌경제연구원(2004)의 『농업의 다원적 기능에 대한 국민의식조사』에 의하면, 우리나라 국민은 농업정책 지원은 식량자급률 향상보다는 농촌의 교

표 5-4 분야별 농업정책 지원 수준에 대한 견해[24]

(단위: %)

구분	지금이 적당	추가지원 필요	줄여야 함	모름
식량자급률 향상	18.9	78.8	1.3	1
식품의 안전성(환경농업) 확보	14.8	84.3	0.5	0.4
도농 간 소득격차를 줄이기 위한 정책	13.3	84.8	1.8	0.1
농촌의 교육, 문화, 복지 확충	9.2	90.3	0.5	0

표 5-5 농업농촌 역할의 변화에 대한 인식[24]

(단위: %)

과거부터 현재까지의 역할 (2000년 이전)		앞으로 중요시될 역할 (2000년 이후)		변화량
구분	비율	구분	비율	
식량의 안정적 공급	38.3	식량의 안정적 공급	29.5	▽9
자연환경의 보전	26.4	자연환경의 보전	27.9	2
국토의 균형발전	11.1	국토의 균형발전	12.1	1
전통문화의 계승	10.2	전통문화의 계승	8.1	▽2
전원생활의 공간	9.3	전원생활의 공간	13.3	4
관광 및 휴식의 장소 (농촌경관보전)	4.8	관광 및 휴식의 장소 (농촌경관보전)	9.0	4
계	100	계	100	-

육·문화·복지 확충에 더 많이 필요하다는 응답을 보였다.

같은 보고서에서 국민은 농업·농촌 역할의 비중은 식량생산에서 점차 다원적 기능으로 옮겨갈 것으로 판단하고 있는 것으로 밝혀졌다. 식량의 안정적 공급, 전통문화의 계승 등 우리가 지금까지 농촌의 역할이라고 인식하고 있는 항목들에 대한 비중은 적어지는 대신, 자연환경 보전, 전원생활 공간, 국토 균형발전, 관광 및 휴식 장소의 역할 비중은 더욱 커질 것으로 판단하고 있는 것이다.

농업의 다원적 기능에 대한 도시민의 인식 조사 결과를 보면 '환경 및 생태계 보전' 역할을 가장 중요한 것으로 인식했으며, 그다음으로 '식량안보 기능', '국토의 균형발전', '농촌경관 보전', '사회문화적 공익기능', '고용창출 효과' 등이 뒤를 이었다.

지식 발자국

'로고프 절벽'은 없다 … 크루그먼의 대반격

국가부채 성장의 적인가 … 다시 불붙은 세기의 경제 논쟁

세계 경제학계가 큰 논쟁으로 후끈 달아오르고 있다. '국가부채'를 둘러싼 격론이다. 노벨경제학상 수상자 등 세계 석학들이 대거 뛰어들었다. 최근 반세기 동안 보기 힘들었던 장면이다.

쟁점은 '국가부채가 경제 성장의 적(敵)인가' 여부다. 논점이 분명한 만큼 학자들 간의 전선도 뚜렷하다. 이른바 '긴축파'와 '성장파'다.

긴축파의 대표 논객은 케네스 로고프 하버드대 교수다. 성장파에는 노벨경제학상 수상자인 폴 크루그먼 프린스턴대 교수가 버티고 있다. 로고프 쪽은 "국가부채가 많았을 때 성장률이 낮아진 것은 역사가 증명하는 사실"이라고 주장한다. 정부 빚이 성장을 가로막는다는 얘기다. 크루그먼 쪽은 거꾸로 "경기 침체(저성장) 때문에 국가 빚이 늘어나는 것"이라고 반박한다. 긴축론자들이 인과관계를 잘못 읽었다는 지적이다.

논쟁은 미국과 유럽 등의 재정위기와 직결돼 있다. 독일 앙겔라 메르켈 총리와 미국 공화당, 영국 데이비드 캐머런 총리 등은 로고프 주장에 동조한다. 반면에 미국 버락 오바마 대통령과 프랑스 프랑수아 올랑드 대통령, 이탈리아 엔리코 레타 총리 등은 크루그먼 편이다.

로고프와 메르켈 등은 "당장 힘들더라도 빚을 줄여야 나중에 더 큰 성장을 지속할 수 있다"고 강조한다. 반면에 크루그먼과 올랑드 등은 "긴축이 경제 자체를 무너뜨릴 수 있다"고 받아친다.

로리 나이트 전 옥스퍼드대 경영대 학장은 "학자와 정치인들이 뒤엉키는 바람에 논쟁이 더욱 뜨거워졌다"며 "3년 전에 발표된 짧은 논문 하나가 이런 논쟁으로 비화할 줄은 예상하지 못했다"고 말했다.

문제의 논문은 바로 로고프와 카멘 라인하트 하버드대 교수가 2010년 4월에 발표한 6쪽짜리 '부채 시대의 성장(Growth in a time of Debt)'이다. 논문 발표 타이밍은 절묘했다. 그리스 재정위기의 불길이 활활 타오를 때다.

로고프 교수 등은 미국·독일·한국 등 20개 나라 국가부채 데이터와 성장률을 비교·분석한 결과를 근거로 "국내총생산(GDP)과 견준 국가부채 비율이 90퍼센트가 넘으면 성장률이 가파르게 떨어졌다"고 주장했다. 이른바 '로고프-라인하트 절벽'이다.

두 사람의 주장은 정설로 받아들여졌다. 그렇게 만든 일등공신이 바로 독일 메르켈 총리였다. 그는 틈만 나면 "국가 빚을 줄이지 않고는 지속 가능한 성장은 없다"고 설파했다.

그런데 올 3월 뜻밖의 사건이 일어났다. 미국 매사추세츠대 경제학과 박사과정 학생인 로버트 헌든(28)이 로고프 교수 등이 과거 통계 데이터를 누락 또는 생략한 사실을 발견했다. 이를 바탕으로 헌든의 지도교수인 로버트 폴린 등이 로고프 반박 논문을 올 4월 발표했다. 바로 '많은 공공부채가 지속적으로 성장을 가로막는가(Does High Public Debt Consistently Stifle Economic Growth? A Critique of Reinhart and Rogof)'였다.

헌든과 폴린은 논문에서 "국가부채 비율이 90퍼센트를 넘어도 꾸준히 성장한 나라가 많았다"고 지적했다. 로고프 교수도 월스트리트저널(WSJ)과의 인터뷰에서 데이터 처리에 일부 실수가 있었음을 인정했다. 다만 그는 "실수를 감안하더라도 연구 결과는 달라지지 않는다"고 밝혔다.

WSJ는 "좀처럼 살아나지 않는 글로벌 경제 상황과 맞물려 28세 대학원생의 발견이 국가부채 논쟁을 촉발시켰다"며 "그동안 침묵하던 성장론자들이 대반격에 나섰다"고 전했다. 크루그먼, 영국 파이낸셜타임스(FT) 수석 칼럼니스트인 마틴 울프, 미국 경제정책연구소(CEPR) 딘 베이커 소장 등이 긴축론 공격에 앞장섰다. 크루그먼은 최근 뉴욕타임스(NYT)에 쓴 칼럼에서 "(로고프 등의 주장이) 학술적 포장을 하고 있지만 1퍼센트 부유층의 입장을 대변하는 것일 수 있다"고 꼬집었다. 마틴 울프는 FT 칼럼에서 "영국은 19세기 산업혁명기 직전 국가부채가 240퍼센트에 달했는데도 기록적인 성장을 일궈냈다"고 강조했다.

논쟁은 더욱 뜨거워질 전망이다. 미국에선 올여름 연방정부 부채한도 확대를 놓고 오바마와 공화당이 또 씨름을 해야 한다. 독일에선 9월 총선을 앞두고 여야가 긴축의 부작용(침체)을 놓고 갑론을박 중이다. 전 옥스퍼드 경영대 학장인 나이트는 "이번 논쟁에서 긴축파가 밀리면 각국의 경제 정책에도 적잖은 변화가 올 것"이라고 말했다.

강남규 기자, 중앙일보 2013년 5월 3일자

6

농산업의 실제

농산업에 필요한 사업과 제도를 활용하기 위해서는 이를 지원하는 조직과 사업 그리고 분야와 절차를 알아야 한다. 사실 대부분의 행정법이 절차를 정하는 데 그 목적을 두고 있는 것은 합리적인 절차가 객관적인 공평성을 담보하고 보편타당한 결과를 이끌어내기 때문이다. 이 장에서는 농산업 현장에서 이루어지는 제반 절차를 알아봄으로써 산업을 이해하는 데 도움을 주고자 한다.

농산업법에 대해 이야기하기에 앞서 농업, 어업, 농촌, 어촌, 식품산업 등과 그에 따른 관련 용어에 대하여 명확히 정의하는 것이 선행되어야 할 필요가 있다. 「농어업·농어촌 및 식품산업 기본법」에서 이에 대한 정의를 기술하고 있으며 자세한 내용은 표 4-1에 정리하였다.

농업은 기본적으로 농작물의 재배업뿐만 아니라 임업과 축산업을 포함하고 있으며 이들과 관련된 산업 일부도 농업에 포함됨을 알 수 있다. 어업은 수산동식물을 포획, 채취 혹은 양식하는 산업과 염전에서 소금을 만드는 염산업이 포함됨을 알 수 있다. 이들 산업과 이에 종사하는 사람은 대통령령으로 정하고 있다.

우리나라에서는 법으로 읍·면 지역을 농어촌으로 규정하고 있으며 이외에도 농식품부 장관의 고시로 농어촌지역으로 지정할 수 있다. 식품과 식품산업은 그 범위가 매우 광범위하며 식품의 생산뿐만 아니라 가공, 제조, 포장, 보관, 수송에 이르는 모든 과정이 식품산업에 포함됨을 알 수 있다.

1. 농산업 분야 국가사업

농산업 분야 국가사업은 농림수산업을 대상으로 국가가 예산을 투자, 출자하는 사업으로 사업 대부분은 예산에 의해 결정되고 예산의 영향을 받게 된다. 예산은 크게 투자사업과 보조사업으로 구별되며, 투자사업은 국가의 시행사업으로 불특정 다수가 혜택을 입는 경우이며 보조사업은 특정 대상을 지원할 목적으로 시행하는 사업이다. 보조사업은 필요한 모든 비용을 지원하는 것이 아니라 특정 대상에 대해 모자라는 부분을 채워주는 것으로 이해할 수 있다. 이러한 사업비는 원인자 부담이 원칙으로서, 사업을 통해 누가 어떤 이익을 얻게 되는가에 대한 이해를 바탕으

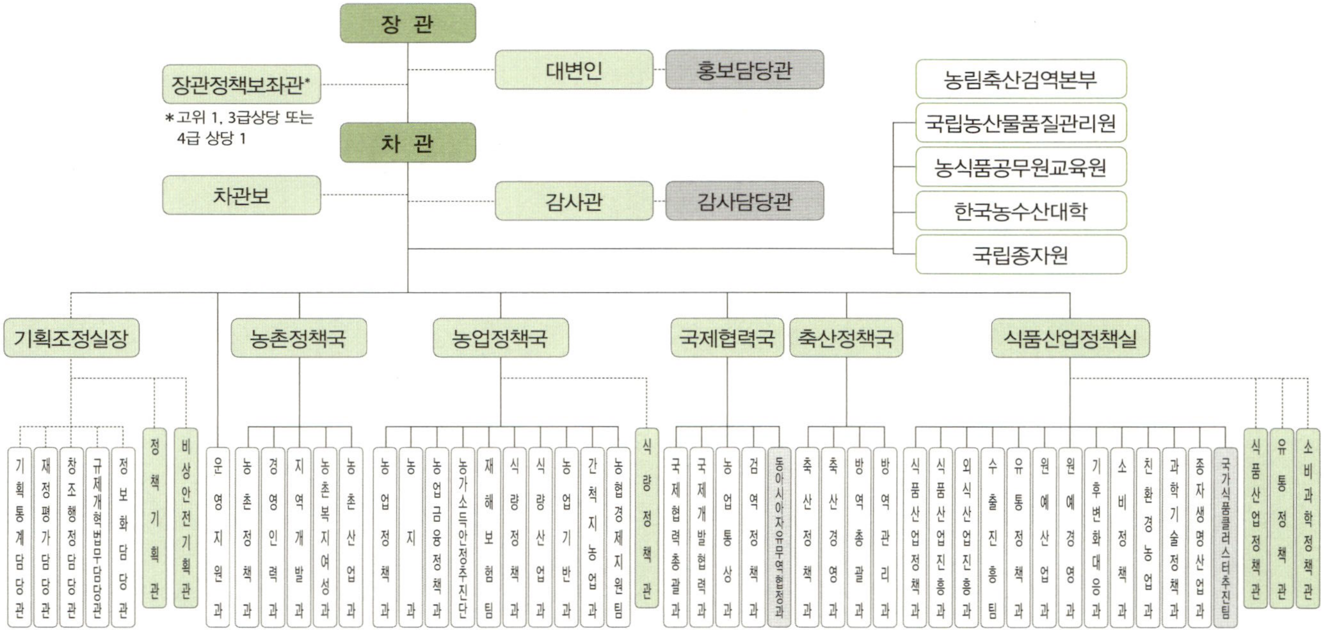

그림 6-1 농림축산식품부 조직도(2013)[25]

로 사업비를 부담할 사람이 먼저 결정된다.

농산업 국가사업을 시행하는 행정기관 및 공공기관으로는 중앙행정기관 및 지방자치단체, 공공기관 및 협동조합 등이 있다. 법이 누구를 사업시행기관으로 지정하는가는 시대에 따라 달라지는데 이 결과가 농산업의 발전 및 현재에 많은 영향을 미쳤다.

먼저 정부 소속기관으로는 농림수산식품부와 외청인 농촌진흥청, 산림청이 있으며 이외 소속기관으로 국립농산물품질관리원, 농업연수원, 국립수의과학검역원, 국립식물검역원, 국립종자원, 한국농수산대학, 국립수산과학원, 국립수산물품질검사원, 수산인력개발원, 동해어업지도사무소, 서해어업지도사무소가 있다.

농업협동조합은 자주적인 협동조직을 바탕으로 농업인의 경제적·사회적·문화적 지위를 향상하고, 농업의 경쟁력 강화를 통하여 농업인의 삶의 질을 높이며, 국민경제의 균형 있는 발전을 도모하기 위해 설립되었으며, 「농업협동조합법」(이하 농협법)에 의해 설립된 법인으로 법인, 비영리법인, 사단법인에 속한다. 또한 조합은 조합의 수익을 조합원에게 돌아가도록 하는 특성이 있다.

농업협동조합은 중앙회와 지역조합으로 구분된다. 중앙회는 그 명칭이 조합이고 인적요소 외에 물적 요소가 결합하여 있지만 조합과는 달리 단체의 성격이 강하고, 권리의무의 주체가 되는 법인으로 조직되는 것이 편리하다는 이유로 법인으로 설립할 것을 법에 명시하고 있다.

지역조합은 행정구역이나 경제권을 중심으로 구역을 정하고 있다.

표 6-1 농업협동조합 조직구조

조합	지역조합	농업협동조합법에 따라 설립된 지역농업협동조합과 지역축산업협동조합
	품목조합	농업협동조합법에 따라 설립된 품목별 업종별 협동조합
중앙회		농업협동조합법에 따라 설립된 농업협동조합중앙회

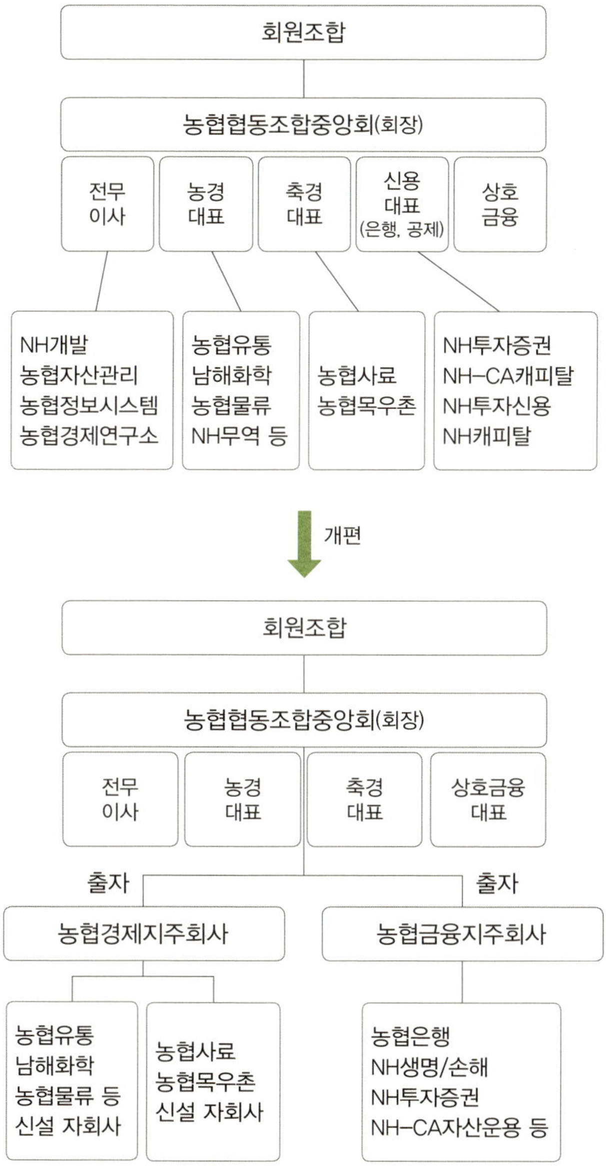

그림 6-2 농협의 신용사업 경제사업 분리

이러한 농업협동조합의 구조는 조합이라는 명칭을 사용하지만 농업협동조합의 구성은 법률에 기반을 두어 하향식 정책에 의해 운영되어 기존 행정체계와 유사한 구조를 갖게 되었다.

최근 농협법 개정을 통하여 농협중앙회를 1중앙회 2지주회사 체제로 변환하였다. 일명 신경분리로 신용 사업과 경제 사업을 분리함을 골자로 하고 있다.

이 외 국가사업과 관련된 공기업으로 농어촌공사, 농어촌유통공사, 마사회가 존재한다.

지식 발자국

법인의 구분과 협동조합

• 법인

법적으로 소유권을 인정하는 객체로는 자연인과 법인이 있다. 법인은 자본에 의해 설립된 주식회사 같은 재단법인과 사람의 구성으로 설립된 협동조합 같은 사단법인으로 나누어진다. 한국은행이나 금융감독원은 특정 목적을 수행하는 정부의 기관으로 법인으로 볼 수 없다. 협동조합은 조합원 개개인이 일인일표제로 의사결정이 이루어지며 재단법인은 운영주체인 이사회에 의해 의사결정이 이루어진다. 법인의 또 다른 분류로는 공공의 목적을 위해 설립된 일반적인 공사와 같은 공법인과 사적인 목적을 가진 일반회사인 사법인으로 나누어진다.

• 협동조합

협동조합은 같은 목적을 갖는 개인이 모여 결성한 협력조직이다. 외국의 경우 협동조합은 대개 품목조합의 형태이지만 우리나라의 농협과 같은 조합은 지역조합의 형태를 많이 띠고 있다. 이러한 지역단위조합의 형태는 기존의 다른 품목조합에 비해 실질적으로 많은 한계를 가지고 있다. 더욱이 우리나라의 농협은 개별 지주회사의 독립적인 운영이 불가능한 구조를 취하고 있다.

2. 우리나라 농업농촌 정책

우리나라 농산업의 예산 규모는 국가 전체 예산의 5퍼센트가량이다(2013년 기준). 그리고 세출예산의 부문별 예산 비율을 살펴보면 농업생산기반 및 농업체질 강화 부문 예산은 대폭 감소하였으며, 농촌개발 및 복지증진과 양곡관리 및 농산물 유통 부문이 확대됨을 알 수 있다. 이러한 예산의 변화는 우리나라 농정의 변화를 대변하고 있다.

1993년까지의 농정 추진 방식은 '중앙집권적 하향 방식'으로 정부가 단독으로 시책을 결정하고 획일적인 지시로 농정 목표를 달성하고자 하였기 때문에, 정책 입안과 추진 과정에 농업인을 비롯한 이해당사자가 배제되어 지역 특성이 잘 반영되지 않았다. 1995년에 출범한 세계무역기구(WTO) 체제와 본격적인 지방자치 시대의 전개에 대응하기 위하여 1994년 6월 14일 '농어촌발전대책과 농정개혁 추진방안'을 마련하고, 이를 구체적으로 실현하기 위하여 1992년에 착수한 42조 원의 농어촌 구조개선 사업을 1998년까지 완료하기로 하는 한편, '농어촌특별세'를 신설하여 1994년 7월부터 10년 동안 15조 원을 농어촌에 추가 투입

표 6-2 우리나라 부처별 예산 변화

(단위: 억 원)

연도	국가 전체	농림부		농진청		산림청		수산청		계	
1980	65,755	3,002	4.60%	127	0.20%	436	0.70%	397	0.60%	3,962	6.00%
1990	283,520	23,674	8.40%	502	0.20%	1,473	0.50%	1,697	0.60%	27,346	9.60%
1995	594,011	81,594	13.70%	2,845	0.50%	3,722	0.60%	6,287	1.10%	94,448	15.90%
2000	1,194,011	73,131	6.10%	3,272	0.30%	7,043	0.60%	-	-	83,446	7.00%
2005	1,958,412	85,256	4.35%	4,874	0.25%	10,711	0.55%	46,713	2.39%	100,841	7.53%
2010	2,012,834	190,830	9.48%	5,434	0.27%	18,845	0.94%	45,329	2.25%	215,109	12.94%
2014	3,577,000	136,371	3.81%	12,162	0.34%	18,651	0.52%	43,809	1.22%	167,184	5.90%

참고: 2010년은 4대강사업으로 인한 예산 편성 증가

표 6-3 농림축산식품부 세출예산안 부문별 비중

(단위: 억 원)

	2003	2009	2010	2011
농업체질 강화	24,390 (31.70%)	24,950 (20.20%)	23,026 (19.10%)	22,070 (18.00%)
농가소득·경영안정	15,560 (20.20%)	26,811 (21.80%)	25,702 (21.30%)	27,425 (22.40%)
농촌개발·복지증진	5,570 (7.20%)	17,485 (14.20%)	16,994 (14.10%)	16,443 (13.40%)
양곡관리·농산물유통	6,370 (8.30%)	32,354 (26.30%)	31,482 (26.10%)	30,615 (25.00%)
농업생산기반	25,150 (32.60%)	21,640 (17.60%)	23,603 (19.50%)	26,043 (21.20%)
합계	77,040	123,240	120,807	122,596

하기로 하였다.

이에 따라 농업인 및 지방자치단체의 창의와 자율에 바탕을 둔 상향식 농정체제를 기본으로 하는 '농림수산사업통합실시요령'을 1994년 12월에 제정하였고 1996년 10월에 '농림사업실시규정'으로 개칭하고 개별 '농림사업시행지침서'를 작성하여 배포하였으며 유사 사업 통폐합, 신규 사업 추가, 경영 장부 기록의무 및 경영교육 강화, 사업선택의 탄력성 제고 등 농업인 및 지방자치 단체의 자율성과 사업 시행상의 투명성을 더욱 확대하는 방향으로 '농림사업실시규정'을 지속해서 보완했다.

토의 왜 농업은 국가로부터 보조금을 받는 것이 떳떳한 것인가에 관해 이야기해 보자.

3. 농림축산사업 분류와 시행

농림축산식품부에서 시행하는 농림축산식품사업은 관련 법률에 근거하여 시행되며, 각 법에 사업의 목적, 정의 등이 정해져 있다. 이러한 정의는 일반 상식적인 접근과 다르며 법 제정 당시 미래의 일까지 포괄할 수 없는 한계를 가지기 때문에 미래의 사회현상 및 상황이 바뀌면 법의 적용이 어려울 수 있다. 이러한 한계 탓에 실제 사업 시행과 관련해서는 법에서 위임된 하위 법(시행령, 규칙)이나 지침에 세부사항이 정해져 있다.

'농림축산식품분야 재정사업관리 기본규정(훈령 제120호)'에서는 농림축산식품사업을 자율사업과 공공사업으로 구분하여 분류하고 있으며, 규정의 별표1에 농림축산식품사업 분류표를 기재하고 있다. 이 분류표에 의하면 농림축산식품사업은 크게 식량 분야, 원예식품 분야, 임업 및 산촌 분야, 농촌개발 분야, 축산 분야, 광특회계 분야로 나누어진다. 식량 분야는 생산기반 확충과 생산 및 유통 개선, 원예식품 분야는 생산 및 유통 개선, 과수생산 및 유통 개선으로, 임업 및 산촌 분야는 생산 및 유통 개선과 산림자원조성, 농촌개발 분야는 생산 및 유통 개선, 기술개발, 인력육성, 소득보전과 소득원개발 및 농촌생활환경개선, 축산 분야는 사육

그림 6-3 농림축산식품사업 주요 분류

표 6-4 식량 분야 세부사업

중분류	세부사업명	
	자율	공공
Ⅰ. 생산기반 확충	• 농지규모화 사업 • 경영회생지원 농지 매입 사업 • 농지 매입·비축 사업 • 해외농업 개발 사업	• 배수 개선 사업 • 방조제 개보수 사업 • 한발 대비 용수개발 사업 • 수리시설 개보수 사업 • 다목적 농촌용수 개발 사업 • 농촌용수 관리 사업 • 종자산업기반 구축 사업 • 농기계 임대 사업
Ⅱ. 생산 및 유통 개선	• 고품질쌀 유통활성화 사업 • 주요 곡물산업 육성지원 사업	• 들녘별 경영체 육성 사업 • 농작물병해충 예찰·방제 사업

표 6-5 원예식품 분야 세부사업

중분류	세부사업명	
	자율	공공
Ⅰ. 생산 및 유통 개선	• 농산물 공동출하 확대지원 사업 • 농산물 산지유통시설 지원 사업 • 농산물 마케팅 지원 사업 • 산지 유통 활성화 사업 • 소비자 참여형 직거래 사업 • 소비지 유통 활성화 사업 • 농산물 자조금 지원 사업 • 인삼·약용작물 계열화 사업 • 첨단온실 신축 지원 사업 • 농업에너지 이용효율화 사업 • 식품·외식 종합자금 사업 • 전통발효식품 육성지원 사업 • 학교급식지원센터 운영 활성화 사업 • 기능성 양잠산물 종합단지 조성 사업	• 농산물우수관리제도 운영
Ⅱ. 과수생산 및 유통 개선	• 원예시설 현대화 사업 • 과실 전문생산단지 기반조성 사업 • 과원 영농규모화 사업	

표 6-6 임업 및 산촌 분야 세부사업

중 분 류	세 부 사 업 명	
	자 율	공 공
Ⅰ. 생산 및 유통 개선	• 산림경영계획 작성 사업 • 산림사업종합자금 지원 사업 • 산림소득증대 사업 • 산림바이오매스 확충 사업 • 백두대간 주민소득 지원 사업 • 임산물 수출 사업	
Ⅱ. 산림자원 조성		• 조림 · 숲 가꾸기 사업

표 6-7 농촌개발 분야 세부사업

중 분 류	세 부 사 업 명	
	자 율	공 공
Ⅰ. 생산 및 유통 개선	• 녹비작물종자대 지원 사업 • 친환경 농자재 지원 사업 • 농업자금 이차보전 사업	
Ⅱ. 기술 개발	• 농림축산식품 연구개발 사업 • 신기술 보급 사업	
Ⅲ. 인력 육성	• 농업경영컨설팅 사업 • 귀농농업창업 및 주택구입지원 사업	• 농촌출신대학생학자금지원(융자)사업 • 취약농가인력지원사업 • 후계농업경영인육성사업
Ⅳ. 소득 보전	• 쌀소득등보전직접지불제 • 경영이양직접지불제 • 친환경농업직접지불제 • 경관보전직접지불제 • 밭농업직불제	• 농어업인 건강 · 연금보험료 지원 사업 • 농업안전보건센터 지정 · 운영 사업
Ⅴ. 소득원 개발 및 생활환경 개선	• 한계농지 정비 사업 • 농촌마을 리모델링 시범 사업 • 농어촌 관광휴양자원개발 사업 • 농촌 보육여건 개선 사업	• 농촌공동체 활성화 지원 사업

표 6-8 축산 분야 세부사업

중분류	세부사업명	
	자율	공공
Ⅰ. 사육기반 확충	• 조사료 생산기반 확충 사업 • 사료산업 종합지원 사업 • 축산분뇨 처리시설 사업 • 말산업 육성 사업	• 축산물 수급관리 사업 (송아지 생산안정 사업)
Ⅱ. 생산 및 유통 개선	• 가축 및 계란 수송특장차량 지원 사업 • 축산시설 현대화 사업 • 축산경영 종합자금 사업 • 송아지 경매시장 현대화 사업 • 축산 자조금 지원 사업	• 축산관련 종사자 교육 사업

표 6-9 광특회계 분야 세부사업

중분류	세부사업명	
	자율	공공
		• 농촌자원 복합산업화 지원 사업 • 농업기반 정비 사업 • 일반농산어촌 개발 사업 • 지역 전략식품산업 육성 사업

기반 확충과 생산 및 유통 개선으로 나누어진다.

이러한 사업의 시행은 '회계연도 독립의 원칙'을 따르고 있다. 헌법 55조 1항에 따라 해당연도 사업의 예산만 반영할 수 있기 때문에 계속사업이나 다년간의 사업은 원칙적으로 시행이 어렵다. 불특정 다수를 대상으로 하는 SOC 사업은 매년 계획된 투자 사업 부분만 예산에 따라 시행하면 된다. 하지만 실질적인 수혜자의 수혜 부분에 대한 연차별 산정을 통한 부담부분의 파악이 반드시 필요한 보조사업과는 많은 부분 갈등이 발생하게 된다. 따라서 이러한 사업들의 예산반영 방안이 필요하므로 보조사업은 장기계속계약을 총액으로 입찰하고 당해 예산만큼만 계약함으로써 회계연도 독립의 원칙을 피할 수 있다.

농림축산식품 분야의 예산은 중앙행정기관에서 도·특별시에 할당하고 이를 시·군에 배정하여 시장과 군수가 이를 집행하게 된다. 이러한

	프로세스	주 관	시 기	주요 내용
기초 단계	수요조사	농림축산식품부 지자체	전년도 4월	• 지자체는 사업시행 수요조사 시행 • 조사결과를 농림축산식품부에 송부
	예산요구	농림축산식품부	전년도 6월	• 조사물량을 예산요구안에 반영 • 기획재정부에 예산 요구
	예산확정	농림축산식품부	전년도 12월	• 사업시행 예산 확정 및 통보
계획 단계	사업지침 시달	농림축산식품부	전년도 12월	• 사업시행에 필요한 지침 시달(예산규모 등)
	사업신청	사업대상자	당년도 2월	• 지자체의 사업홍보 • 사업대상자는 사업기관에 신청
	사업자 선정	농림축산식품부 지자체	당년도 2월	• 사업자 선정기관은 지원규모, 조건 및 적합 여부를 판단하여 선정(사업비 배정)
추진 단계	세부계획 수립	사업대상자	당년도 4월	• 실제 사업시행을 위한 세부계획 수립 보고 및 승인
	사업시행	사업대상자	당년도 12월	• 사업 추진
	자금배정	농림축산식품부 지자체	당년도 9월	• 분기별 또는 일괄적 자금배정
관리 단계	이행점검	농림축산식품부 지자체	당년도 10월	• 사업시행 및 감독기관 모니터링 여부, 보조금 환수조치 등
	성과점검	농림축산식품부 지자체	당년도 12월	• 사업 성과지표 달성 여부 판단
	사업평가	농림축산 식품부	이듬해 3월	• 사업에 대한 전반적인 평가
	환 류	농림축산 식품부	이듬해 4월	• 평가결과 환류(예산편성방향 등)

그림 6-4 농림축산식품사업 표준프로세스

과정은 법에 규정한 절차에 따라 이루어진다. 농림수산사업실시규정은 농림수산사업의 신청에서부터 사후관리에 이르기까지의 업무처리 절차를 규정하고 있다. 그 목적은 농어업인 등의 자율적 참여를 바탕으로 농림수산사업을 원활하게 추진토록 하여 농수산업·농어촌 종합대책의 목표를 차질 없이 달성할 수 있도록 하는 것이다. 농림수산사업 표준 프로세스는 그림 6-4와 같다.

4. 농림축산사업과 관련 법률[1)]

농림수산식품사업들은 매년 '농림축산식품사업시행지침'이 작성되어 이에 따라 사업신청, 접수, 평가, 시행이 이루어진다. 각 사업은 주관하는 농림축산식품부 등의 부서와 관련 기관(한국농어촌공사, 농산물유통공사, 지자체)이 명시되어 있으며, 사업대상자는 농업기반 사업일 경우 한국농어촌공사이며, 그 밖에 지자체, 영농인, 영농조합법인, 영농회사 등이다. 각 사업의 주관부서를 기준으로 부서별 사업과 관련된 법률을 살펴보면 이러한 관계를 이해할 수 있다. 단, 여러 부서에서 함께 시행되는 사업은 일부 제외되었다.

농촌정책국은 경영인력과, 지역개발과, 농어촌사회과, 농어촌산업팀으로 구성되며 아래와 같은 사업과 관련 법률을 담당한다. 농촌정책국 내 경영인력과에서는 후계농어업인 육성 및 농어업 경영 컨설팅 사업을 「농어업 · 농어촌 및 식품산업 기본법(이하 기본법)」 및 「농어업경영체 육성 및 지원에 관한 법률」, 「자유무역협정체결에 따른 농어업인 등의 지

1) 2012년 기준으로 작성하였다. 이후 2013년 정부조직개편에 따라 일부 사업명과 담당부서가 변경되었다.

원에 관한 특별법」에 따라 주관한다. 지역개발과에서는 경관보전직접지불제, 한계 농지 정비 사업, 농어촌 뉴타운 조성 사업, 일반 농산어촌 개발 사업을 기본법 및 「농어촌 정비법」, 「농림어업인 삶의 질 향상 및 농산어촌지역 개발 촉진에 관한 특별법(이하 삶의 질 특별법)」, 「농산물의 생산자를 위한 직접지불제도시행지침」에 의해 주관한다. 농어촌사회과에서는 「농어촌구조개선특별회계법」, 「농어촌주민의 보건복지증진을 위한 특별법」, 「삶의 질 특별법」에 의해 농촌출신 대학생 학자금 융자지원 사업, 취약농가 인력 지원 사업, 농어업인 건강연금보험료 지원 사업 등을 시행하고 있다. 농어촌산업팀에서는 「국가균형발전특별법」, 「농어촌정비법」, 「산업입지 및 개발에 관한 법률」, 「도시와 농어촌 간의 교류촉진에 관한 법률」, 「식품산업진흥법」, 「어촌어항법」, 「해양수산발전기본법」에 의해 농어촌 자원복합산업화 지원 사업과 농어촌 관광휴양자원 개발사업을 시행한다.

농업정책국은 농지과와 농업기반과로 구성된다. 농지과에서는 기본법과 「한국농어촌공사 및 농지관리기금법」을 근거로 영농 규모화 사업을 주관하고 있다. 농업금융정책과는 농협중앙회 농업금융부와 함께 농업자금 이차보전 사업을 통해 농축산 경영자금 지원, 농업 종합자금 지원, 농업경영회생자금 지원 사업을 시행하고 있는데, 이는 기본법 및 「농축산경영자금운용규정」, 「농어업인 부채경감에 관한 특별조치법」 등에 따라 시행된다. 농업기반과에서 주관하는 배수 개선 사업, 방조제 개보수 사업, 한발 대비 용수개발 사업, 수리시설 개보수 사업과 같이 농업기반 조성 사업들은 「농어촌정비법」, 「방조제관리법」, 「환경정책기본법」, 「농어업재해대책법」을 근거로 한다.

식량정책관은 식량사업과 농가 소득 안정화를 담당하는데, 식량사업과에서는 「농업기계화촉진법」에 근거한 농기계 임대 사업, 들녘별 쌀 경영체 육성 사업, 「양곡관리법」에 근거한 고품질쌀 유통화 사업, 「세계

무역기구협정의 이행에 관한 특별법」을 근거로 논소득 기반 다양화 사업을 주관한다. 농가소득안정화추진단에서는 「세계무역기구협정의 이행에 관한 특별법」, 「농산물의 생산자를 위한 직접지불제도 시행규정」, 「농림어업인 삶의 질 향상 및 농산어촌지역 개발촉진에 관한 특별법」, 「WTO 농업협정문 부속서」, 「쌀소득 등의 보전에 관한 법률」에 의해 쌀소득등보전직접지불제, 친환경농업직접지불제, 조건불리지역직접지불제 사업을 시행하여 농가 소득보전 사업을 추진한다. 친환경농업과에서는 「친환경농업육성법」, 「농지법」에 의한 녹비작물 종자대 지원 사업을, 「비료관리법」에 의해 친환경 비료 지원 사업, 「세계무역기구협정의 이행에 관한 특별법」과 「농산물의 생산자를 위한 직접지불제도 시행규정」에 의해 친환경농업직접지불제를 시행한다.

국제협력국의 국제개발협력과에서는 「해외농업개발협력법」과 「한국농어촌공사 및 농지관리기금법」을 근거로 해외농업개발 지원 사업을 시행하고 있다.

식품산업정책과에서는 「국가균형발전특별법」에 근거하여 지역 전략 식품산업 육성 사업을 시행하며, 식품산업진흥과에서는 식품외식 종합자금 사업, 천일염산업 육성 지원 사업, 전통발효식품 육성 지원을 「식품산업진흥법」, 「김치산업진흥법」 등에 근거하여 시행하고 있다.

외식산업진흥과에서는 「외식산업진흥법」을 근거로 우수 외식업지구 조성사업을 시행하며, 수출진흥팀에서는 「세계무역기구협정의 이행을 위한 특별법」, 「WTO/농업협정」, 「농수산물 유통 및 가격안정에 관한 법률」을 근거로 농축산물판매촉진사업과 농산물수출업체운영활성화 지원사업을 지원하고 있다.

유통정책과는 「농산물품질관리법」에 의한 농산물 물류표준화사업과 「농수산물 유통 및 가격안정에 관한 법률」에 근거하여 산지유통활성화 사업, 소비자유통활성화사업, 농산물산지유통센터건립지원사업을 시행한다. 원예산업과는 농수산물유통공사와 함께 「농수산물 유통 및 가격안정에 관한 법률」에 근거하여 품목별 대표조직 육성 사업, 농산물 자조금 지원 사업을 시행하며, 「인삼산업법」에 근거하여 원예농산물 저온유통체계 구축 사업, 인삼·약용작물 계열화 사업, 인삼 생산·유통시설 현대화 사업을 시행한다.

원예경영과는 시설원예품질 개선 사업, 과수 고품질 시설 현대화 사업, 과실 전문생산단지 기반 조성 사업, 권역별 거점 산지유통센터 건립 지원 사업, 과실브랜드 육성 지원 사업, 과원 영농규모화 사업, 거점 산지화훼유통센터 건립 지원을 「농수산물 유통 및 가격안정에 관한 법률」, 「자유무역협정체결에 따른 농어업인 등의 지원에 관한 법률」에 근거하여 시행하고 있다.

축산정책국의 축산정책과는 「축산법」을 근거로 종축시설 현대화 사업을, 마사회와 마필산업 육성 사업을 시행하며, 농협 축산컨설팅부와 축산관련 종사자 교육 사업을 시행한다. 축산경영과는 「축산법」, 「축산자조금의 조성 및 운용에 관한 법률」, 「자유무역협정체결에 따른 농어업인 등의 지원에 관한 특별법」, 「초지법」, 「낙농진흥법」, 「사료관리법」을 근거로 송아지 생산 안정 사업, 가축 및 계란 수송특장차량 지원 사업, 축산경영 종합자금 사업, 축산 자조금 지원 사업, 조사료 생산기반 확충 사업, 쇠고기 생산성향상 지원 사업, 사료산업 종합지원 사업을 시행한다.

방역관리과에서는 「축산법」, 「가축분뇨의 관리 및 이용에 관한 법률」, 「농어촌발전특별조치법」, 「보조금의 예산 및 관리에 관한 법률」에 근거하여 가축 분뇨처리 지원 사업을 주관하고 있다.

이 외 산림청에서는 「산림자원의 조성 및 관리에 관한 법률」, 「임업 및 산촌 진흥촉진에 관한 법률」을 근거로 산림경영 계획 사업, 산림사업 종합자금 지원 사업, 산림소득 증대 사업, 산림바이오매스 확충 사업, 임산물 수출 및 해외산림 개발 사업, 조림 숲 가꾸기 사업을 시행하며, 「백두대간 보호에 관한 법률」에 의해 백두대간 주민 소득 지원 사업을 시행하고 있다. 국립종자원에서는 「종자산업법」을 근거로 민간육종과 신품종 활성화 지원 사업을 주관하며, 국립농산물품질관리원에서 「농산물품질관리법」을 근거로 농산물 표준규격 공동출하 사업을 주관하고 있다.

5. 농산업과 학문

학문은 광의의 범위를 포괄하여야 하며 제도, 경영, 유통 등 시장원리와 관련된 산업화 내용을 포함하여야 한다. 농업은 시대에 따라 요구되는 내용이 변화해 오고 있다. 과거에는 생산량 증대가 목표였다면 최근에는 출하시기를 조절하여 마진율을 높이는 방안이 필요한 연구 내용일 것이다. 학문은 이러한 산업의 요구에 따라 변화하여 왔다.

「과학기술기본법」 제27조에 근거한 국가과학기술표준분류체계(국가과학기술위원회고시 제2012-4호)를 살펴보면 농림수산식품분야를 살펴보면 식량작물과학, 원예작물과학, 농생물학, 농화학, 농업생태환경, 동물자원과학, 수의과학, 농업기계학, 농업토목학, 산림자원학, 조경학, 임산공학, 수산양식, 수산자원/어장환경, 어업생산/이용가공, 농수축산물 위생/품질관리, 식품과학, 식품영양과학, 식품조리/외식/식생활개선, 농림수산식품 경영/정보 등, 기타 농림수산식품으로 분류되어 있다.

국가과학기술분류체계와 서울대학교 농업생명과학대학의 학부와 대학원 전공을 비교하면 크게 다르지 않으나, 사회 및 시대에 따라 조금씩 변화했다. 1996년의 학부와 대학원의 조직을 보면 산림자원과학, 임산공학과, 동물자원과학과, 천연섬유학과의 학과 명칭이 과거의 것과는 달라져 있고, 학사과정과 대학원 과정이 거의 같이 되어 있었다.[24]

표 6-10 1996년 서울대학교 농업생명과학대학의 학부 및 대학원 조직

<table>
<tr><th colspan="2">학부 과정</th><th colspan="2">대학원 과정</th></tr>
<tr><td colspan="2">농학과</td><td colspan="2">농학과</td></tr>
<tr><td colspan="2">원예학과</td><td colspan="2">원예학과</td></tr>
<tr><td colspan="2">산림자원학과</td><td colspan="2">산림자원학과</td></tr>
<tr><td colspan="2">임산공학과</td><td colspan="2">임산공학과</td></tr>
<tr><td colspan="2">농화학과</td><td colspan="2">농화학과</td></tr>
<tr><td colspan="2">식품공학과</td><td colspan="2">식품공학과</td></tr>
<tr><td colspan="2">동물자원과학과</td><td colspan="2">동물자원과학과</td></tr>
<tr><td colspan="2">천연섬유학과</td><td colspan="2">천연섬유학과</td></tr>
<tr><td colspan="2" rowspan="3">농생물학과</td><td rowspan="3">농생물학과</td><td>곤충학</td></tr>
<tr><td>기초 농생물</td></tr>
<tr><td>식물병리학</td></tr>
<tr><td rowspan="2">농공학과</td><td>농업토목</td><td rowspan="2">농공학과</td><td>농업토목</td></tr>
<tr><td>농업기계</td><td>농업기계</td></tr>
<tr><td colspan="2">농가정학과</td><td colspan="2">농가정학과</td></tr>
<tr><td rowspan="2">농업교육과</td><td>농업교육</td><td rowspan="2">농업교육과</td><td>농업교육</td></tr>
<tr><td>농촌사회교육</td><td>농촌사회교육</td></tr>
<tr><td colspan="2">조경학과</td><td colspan="2">생태조경학과</td></tr>
<tr><td colspan="2"></td><td colspan="2">협동과정농업생물공학</td></tr>
</table>

2000년 BK 사업이 시작되면서 대학원 과정에서 동물자원공학, 농화학과, 농생물학과, 식품공학과가 통합하여 농생명공학부로 되었다. 1997년 학부제 중심으로 2005년 개편을 통하여 학사과정과 대학원 과정이 차이가 거의 없게 되었으며, 학부과정 및 대학원 과정을 거의 모두 학부 체제로 개편하였다.[26]

앞서 살펴본 농림수산사업 등 국가사업과 학문의 분류체계를 살펴보면, 그 격차는 좁혀졌지만 여전히 존재함을 알 수 있다. 학문분야는 농학, 공학, 사회학, 경제학 등을 포괄하고 있으며, 생명공학이 중시되고 있

표 6-11 2005년 서울대학교 농업생명과학대학의 학부 및 대학원 조직

학부 과정		대학원 과정	
식물생산과학부	농학과	식물생산과학부	농학과
	원예학과		원예학과
	산업인력개발학	농산업교육과	
산림과학부	산림자원학과	산림과학부	산림자원학과
	환경재료과학		환경재료과학
바이오시스템·소재학부	바이오시스템공학	바이오시스템·소재학부	바이오시스템공학
	바이오소재공학		바이오소재공학
조경·지역시스템공학부	조경학	생태조경·지역시스템공학부	생태조경학
	지역시스템공학		지역시스템공학
식품·동물생명공학부	식품생명공학	농생명공학부	응용생명화학
	동물생명공학		식물미생물학
응용생물화학부	응용생명화학		곤충학
	응용생물학		식품생명공학
			동물생명공학
농경제사회학부	농경제학	농경제사회학부	농경제학
	지역사회개발학		지역사회개발학
		협동과정 농업생물공학	

으나 농산업의 현장 및 농림축산식품부를 중심으로 한 국가산업은 이와는 괴리가 있어 보인다.

농산업이 발달하기 위해서는 고등 교육 및 연구 학문분야의 전문지식 및 기술이 현장과 접목될 수 있도록 그 격차를 줄이고 전문 인력이 농산업에 종사할 수 있는 산업 기반이 마련되어야 할 것이다.

지식 발자국

신동규 전 회장의 인터뷰 “농협금융, 제갈공명이 와도 안 된다”

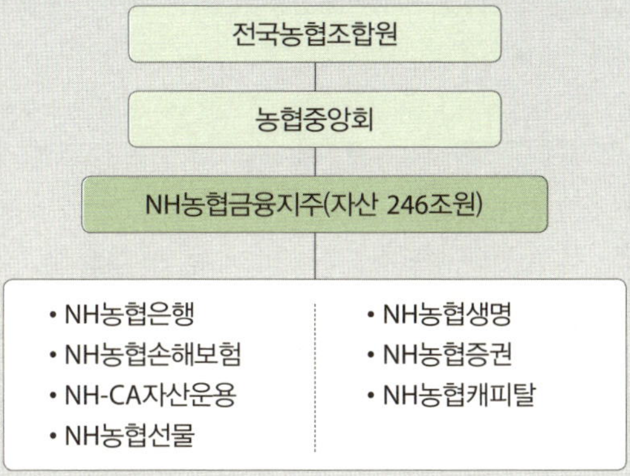

농협금융지주 조직도

“지난 1년 동안 속이 새까맣게 탔다. 지치고 힘들었다.” 전화로 들려오는 신동규(62) 농협금융지주 회장의 목소리는 무거웠다. 그는 15일 저녁 본지와의 전화 통화에서 임기를 1년여 남기고 갑자기 사표를 던져야 했던 복잡한 심경을 솔직하게 드러냈다.

- **사표를 낸 이유는.**
  “경영이 자유롭지 못했다. 농협중앙회와 갈등도 있었다. 농협 지배구조로 봤을 때는 농협금융은 제갈공명이 와도 안 된다.”
- **전산사고에 대한 책임을 지고 물러났다는 이야기가 있다.**
  “전산사고는 감독당국이 나한테 책임을 묻지는 않았다. 그만하자. 더 말하면 사람이 치사해진다.”

신 회장이 직접 밝힌 사퇴 배경은 농협중앙회의 경영 간섭과 갈등이다. 신 회장은 평소에도 사석에서 “농협금융 회장은 아무것도 아니다. 할 수 있는 일이 아무것도 없다”는 불만을 자주 토로했다. 농협지주와 금융계열사 경영에 대해 최원병 농협중앙회장의 간섭과 간여가 있었고, 신 회장은 이를 매우 불편하게 여겼다는 것이다.

이 같은 불화의 배경엔 농협중앙회와 농협금융지주의 기형적인 지배구조가 자리 잡고 있다. 지난해 3월 출범한 농협금융은 농협중앙회가 100퍼센트 지분을 갖고 있다. 중앙회가 자율성을 보장하지 않는 한 농협금융은 독립경영을 제대로 할 수 없다. 실제로 중앙회는 농협금융의 인사와 예산에 대해 강력한 영향력을 행사했다. 신 회장은 엄연히 지주회장이면서도 지주의 계열사인 은행·보험 등에 대한 인사권을 충분히 행사하지 못했다. 법 규정도 모순적이다. 농협금융은 금융지주회사법을, 농협중앙회는 농협법의 규제를 받는다. 금융지주회사법에는 지주회사가 자회사를 관리하고 그룹의 경영전략을 세우도록 명시돼 있다. 반면에 농협법에는 중앙회가 자회사와 손자회사까지 지도·감독하도록 돼 있다. 이런 모순된 법과 제도는 최 회장과 신 회장이 사사건건 충돌할 수밖에 없는 토양이 됐다. 게다가 중앙회장은 조합원들의 투표로 뽑힌 선출직인 반면, 지주회장은 사실상 중앙회가 선임한다. 농협금융 회장을 두고 '정치인이 대주주로 있는 자회사의 대표'라는 얘기가 나오는 이유다.

신 회장 사퇴에 대한 정부의 공식 설명은 "올 들어 발생한 전산사고와 관련해 책임을 지는 차원에서 사의를 표명한 것으로 알고 있다"는 것이다.

그러나 여기엔 석연치 않은 대목이 있다. 무엇보다 농협금융이 사용하는 전산망을 관리하는 곳은 농협중앙회이기 때문이다. 전산망은 농협중앙회 소유다. 농협금융 관계자는 "지난해 농협금융지주 출범 때 전산망이 마련되지 않아 중앙회와 3년간 전산시스템 위탁 계약을 맺었다"며 "이 때문에 농협금융지주는 IT전산망과 관련해 아무런 권한이나 책임이 없다"고 말했다.

최 회장이 신 회장의 사퇴를 압박하거나 종용했는지는 아직 구체적으로 드러나지 않고 있다. 익명을 요구한 중앙회 관계자는 "전산사고에 대해 책임을 묻는다고 해서 사표를 받고 할 정도는 아니다"면서 "신 회장이 법적 책임은 없지만 고객들에게 피해를 끼쳤다는 점에서 도의적인 책임을 느낀 것 같다"고 말했다.

이상렬·손해용 기자, 중앙일보 2013년 5월 16일자

7

세계의 농산업법

농산업은 이제 세계화를 떼어놓고 설명할 수가 없다. 우리와 다른 나라의 농산업법 체계를 비교함으로써 서로를 이해하고 개선 방안을 마련할 수 있을 것으로 판단하여 이 장에서는 주요국의 농산업법을 살펴보고자 한다.

1. 농산업의 세계화

세계화의 시초는 14~15세기 르네상스라 볼 수 있으며, 이때 인간의 사고가 종교에서 벗어나는 계기가 되었다. 당시 이탈리아의 피렌체를 효시로 지중해 경제권을 형성하였으며 대략 2,000만 인의 경제 인구를 자랑하고 있었다. 이때의 주도국들은 이탈리아, 그리스, 프랑스 등이었다. 이후 18~19세기 산업혁명은 세계 경제권을 확대하고 식민경제를 이룩하게 된다. 스페인, 포르투갈, 영국, 네덜란드 등의 국가들이 서세동점(西勢東漸)을 목표 삼아 참여하였다. 이때의 경제인구 규모는 5,000만 명에 달한다고 알려졌다.

두 차례의 세계대전은 대량생산체제와 과학기술 발전을 이룩하는 계기가 되었다. 미국, 소련, 독일, 일본 등이 대서양권을 이루어 주축이 되었으며 경제 인구는 이제 10억대에 달하게 된다.

20세기 중후반에는 자본주의의 발달과 공산주의의 몰락으로 세계 네트워크가 형성되었다. 이로써 고도산업사회와 자본이동의 자유를 달성하여 신자유주의의 흐름으로 나아가고 있다. 최근에는 아시아 국가와 BRICs(Brazil, Russia, India, China 등)의 참여로 경제인구 규모가 50억대로 확대되었으며, 몇몇 빈민국 등을 제외하고 단일경제권화되고 있다.

WTO는 모든 교역분야에서 자유무역질서의 확대 및 제도화를 위한 목적에서 출범한 기구로 경제 분야의 UN이라 할 수 있다. WTO 설립협정(1995.1.1. 발효)은 22개의 부속협약으로 이루어져 있으며, 농업협정문도 여기에 포함되어 있다

WTO 체계의 기본 원칙으로는 최혜국대우 원칙, 내국민대우 원칙, 시장접근보장, 투명성의 원칙이 있다. 최혜국대우(Most-Favoured Nation Treatment: MFNT) 원칙 중 "특정 국가에 대하여 다른 국가보다 불리한 교역조건을 부여해서는 안 된다"는 원칙은 WTO 체계 모든 분야에서

요구되는 핵심 원칙이다. 이는 결국 각국에 대하여 경쟁상의 기회균등의 원칙을 천명한 것으로 모든 교역대상국에 대하여 어느 특정 국가에만 특별한 대우를 할 수 없음을 밝히고 있다.

내국민대우의 원칙은 외국인과 내국인을 똑같이 대우해야 한다는 원칙으로 내국세나 국내규칙의 적용에서 수입품을 국내 상품보다 불리하게 대우할 수 없다는 원칙을 말한다.

시장접근보장은 재화나 용역의 공급에서 관세나 조세를 제외한 일체의 제한을 철폐해야 한다는 원칙으로 내국민대우의 원칙과 함께 시장개방의 양대 요소라 할 수 있다.

투명성의 원칙은 각국의 행정 또는 사법기관의 의사결정이나 법령 및 제도는 그 적용에 합리적이며 예측 가능해야 하고, 그 결정에 관한 이유와 모든 법령 및 자료들이 공개되어야 한다는 원칙을 말한다. 다만, 국가안정보장, 법 집행에 위해가 되는 사항, 영업상의 비밀 등 특정한 경우에는 예외를 인정한다.

WTO 협정이 헌법에 해당한다면 **농업협정**은 각 법에 해당하며, **이행계획서**는 각 법률의 시행령에 해당한다고 볼 수 있다. 농업협정의 주요 내용으로는 관세화를 통한 비관세 조치의 철폐, 특별긴급관세제도의 도입, 보조금에 관한 내용이다.

관세화는 수입제한 품목의 경우 기준연도의 국내외 가격 차이 즉, 관세상당치(Tariff Equivalent: TE)를 관세로 전환하여 양허받는다. 관세감축률은 6년간 36퍼센트(개도국: 10년간 24퍼센트)이다. 저율관세의 시장접근물량을 허용하는데(국내소비량의 35퍼센트) 우리나라의 쌀은 특별취급조항을 부속서에 반영하여, 관세화 유예조치를 받았다. 2004년 10년간 더 유예한 후 2014년 유예기간 만료를 맞았다.

특별긴급관세제도(SSG: Special Safeguard)는 특별긴급관세 발동물량을 사전에 설정하여 수입물량이 발동물량을 초과하는 경우 자동으로 수입관세의 3분의 1을 추가로 부과할 수 있다. 이는 UR 협상 당시 만들어진 제도로서 관세화한 농산물의 수입량이 급증하거나 수입가격이 급락하여 국내농축산물에 피해를 줄 우려가 있으면 일정 기간 동안 관세를 올릴 수 있도록 한 제도이다.

시행 중인 보조금은 감축해 나갈 부분과 계속 시행할 부분으로 나뉜다. 감축대상으로는 가격지지보조가 대표적이고 허용할 대상으로는 소득을 직접 지지하거나 환경은 보호하는 보조 등이 있다. 우리나라는 기본법에서 농업·농어촌의 공익적 기능을 명시하고 공익기능을 유지·확대하는 사업은 직접지불하는 근거로 이용된다.

농산물 협상이행계획서(C/S: Country Schedule)는 일반적으로 양허안이라 하는데, 각 나라가 약속된 이행 기간에 관세와 보조금을 얼마만큼 줄여가겠다는 것을 나타내는 계획표이다. 내용의 골격은 모든 농산물에 대한 비관세 장벽을 철폐하고 관세화(Tariffication)한다는 것이다.

즉, 모든 농산물에 대한 비관세장벽은 철폐하고 기준년도의 국내외 가격차이를 관세로 전환하되, 점진적으로 추진한다는 것이다. 다만, 높아진 관세 때문에 수출국이 시장 접근하기가 어려워진 때에는 저율관세로 최소 및 현행시장 접근을 허용한다.

우리나라의 경우 쌀은 10년간 관세화가 유예되는 대신 적어도 지정한 양 이상은 꼭 수입해야 하는 최소시장접근을 채택하였다. 전체 소비량을 기준으로 최소시장접근은 다음과 같다.

- 1995년 1퍼센트에서 1999년 2퍼센트(매년 0.2퍼센트 증가)
- 2000년 2퍼센트에서 2004년 4퍼센트(매년 0.4퍼센트 증가)
- 2004년 4퍼센트에서 2014년 8퍼센트(매년 0.4퍼센트 증가)

자유무역협정(free trade agreement: FTA)은 양자 국가 간에 협약을 체결하는 것으로 WTO를 우회하게 된다. 그러나 한-칠레 FTA와는 달리 한-미 FTA는 WTO만큼의 효과가 예상되므로 신중을 기해야 한다. 미국시장은 완전히 개방된 시장이므로 한-미 FTA를 체결하면 전 세계와 FTA와 체결한 효과가 나타나기 때문이다.

2. 미국의 농업법

미국 농업법의 법적 지위는 우리나라의 '농업·농촌 및 식품산업 기본법'과 같으나, 매년 시행되는 농림축산식품부의 '농림축산식품사업시행 지침서'와 같이 내용이 구체화되어 있다. 즉 예산을 집행하기 위한 지침을 마련한다는 의미가 강하기 때문에 이러한 법에는 사업이 명시되어 있으며, 4~5년간의 사업 예산이 계속비적 성격을 띠고 있다.

통칭 「농업법」(Farm Bill)이라 불리는 법률을 제정하고 일정 기간을 정하여 중점적·일체적으로 농정을 추진하는 방식을 채택하고 있다. 한시적 특별법이 채택되지 않으면 항구법(예: 1949년 농업법)으로 되돌아간다.

미국의 주요 농업법의 변천을 살펴보면 1920년대 농산물의 생산과잉에 직면하자 루스벨트 대통령이 1933년 뉴딜정책의 하나로 「농업조정법」(Agricultural Adjustment Act)을 제정한 것이 최초의 농업법이며, 그 후 제정된 농업법들은 다음과 같다 . 즉 1938년 농업조정법(Agricultural Adjustment Act), 1948년 농업법(Agricultural Act), 1949년 농업법(Agricultural Act), 1954년 농업법(Agricultural Act), 1956년 농업법(Agricultural Act), 1962년 식량·농업법(Food and Agricultural Act), 1964년 농업법(Agricultural Act), 1965년 식량·농업법(Food and Agricultural Act),

1970년 농업법(Agricultural Act), 1973년 농업 · 소비자 보호법(Agriculture and Consumer Protection Act), 1976년 식량 · 농업법(Food and Agricultural Act), 1981년 농업 · 식량법(Agriculture and Food Act), 1985년 식량안보법(Food Security Act), 1990년 식량 · 농업 · 보전 및 무역법(Food, Agriculture, Conservation, and Trade Act), 1996년 연방 농업 개선 및 개혁법(Federal Agricultural Improvement and Reform Act), 2002년 농장안전 및 농촌투자법(The Farm Security and Rural Investment Act) 등이다.

2008년부터 2012년까지 미국 농업정책의 세부사항을 규정하는 미국의 '2008년 농업법'은 최초의 '농업조정법(AAA; Agricultural Adjustment Act)'이 1933년 제정된 이후 처음으로 두 차례에 걸친 대통령의 거부권 행사가 상하원의 재의결로 번복된 후 농업법으로 탄생하였다.

1996년 농업법이 제정되기까지 미국의 농업정책은 식부 면적의 적절한 통제와 소득 및 가격지지 정책을 병행하여 농민의 소득을 지지하고 양질의 농산물을 충분히 공급하는 것이었다. 그러나 지나친 가격지지는 농산물 공급의 과잉 문제를 초래하여 재정적자가 점점 늘어나게 되는 주요 원인이 되었으며, 특히 1980년대 이후 재고 누적과 수출보조로 인한 세계 농산물 가격하락과 수출침체는 UR 농산물협상 개시의 배경이 되었다. 이러한 UR 농업협정 등 국제적 요구에 따라 농업 정책 방향을 가격지지에서 소득지지로 전환하고 농업예산이 감소되었다.

가격지지가 아닌 허용보조의 방안으로 2002년 농업직불제[1)]가 도입되었으며(그림 7-1 참조), 2008년 미국 농업법의 명칭은 '2008 식품, 보전 및 에너지 법(The food, Conservation, and Energy Act of 2008)'으로 바뀌어, 크

1) 직접지불제(줄여서 직불제로 불리기도 함)는 농업분야 보조 방식의 하나로 정부가 인위적인 농산물의 가격을 높여 농가소득을 보전하는 '가격지지' 정책과는 달리 '정부가 시장기능을 통하지 않고 재정에 의하여 농가에 직접 소득을 보조하는 것'을 의미한다.

게 품목별 정책(commodity policies)과 환경계획(agri-environmental program), 식품지원계획(food assistance program), 농촌개발계획(rural development program)으로 분류된다. 이들 정책은 농업생산자는 물론 소비자와 농업부문 전반에 대하여 직·간접적인 보조를 제공하고 있다.

소득지지 정책은 정부가 농민에게 일정한 금액을 직접 지급하여 소득을 안정시키는 방식이다. 이는 가격결정은 시장에 의해 형성되나 국가가 국내 산업구조를 지지하기 위하여 종사자의 소득에 대하여 지원·관여한다는 의미로 볼 수 있다.

소득지지 정책구조를 쌀 100파운드에 대하여 살펴보면 다음 그림 7-1과 같다. 품목별로 목표가격이 정해져 있으며, 시장 가격과의 차이를 소득지지정책을 통해 지원하고 있다. 과거 생산에 기초하여 지불하는 고정직불(Direct Payments), 경기변동대응직불(Counter-Cyclical Payment)이 있으며, 가격이 일정수준 이하로 떨어지면 유통지원융자(Marketing Assistance loans)와 융자차액지불(Loan Deficiency payments)이 있다. 그러나 이러한 직불제는 가격지지와 달리 정부가 지원하고자 하는 대상과 수혜자가 다를 경우가 많아, 경작자가 아닌 토지소유자 혹은 자본가(지주)에 혜택이 돌아간다는 약점을 가지고 있다.

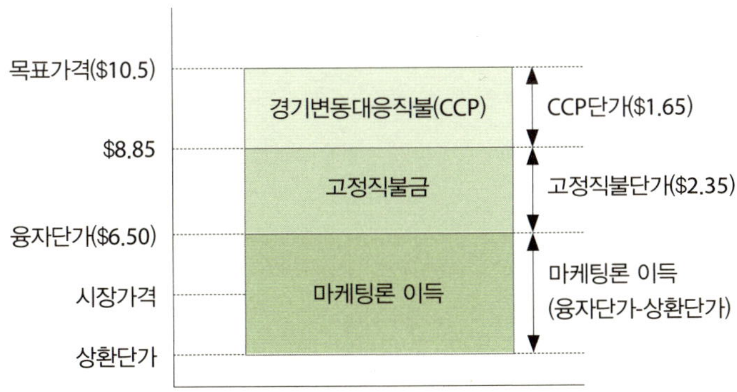

그림 7-1 소득지지 정책 구조(쌀 100파운드당)

미국은 토양 유실 방지를 위한 환경정책을 지속해서 수행하였는데, 이 중 보전유보계획은 유실 가능성이 많거나 환경적으로 민감한 농지를 농지소유자가 자발적으로 10년에서 15년간 휴경하는 제도이다.

식품구입권 계획과 여성, 영아, 소아에 대한 영양보조계획 그리고 소아영양계획이 핵심인 식품지원계획은 사회적 복지서비스와 농업을 연계한 정책으로 볼 수 있다. 식품구입권 계획은 미국 최대의 저소득층 영양 지원정책인 동시에 미국 농업생산물과 식품의 주요 소비처이다. 식품구입권은 살 수 있는 식품이 정해져 있으며, 이러한 품목에 대하여 품질, 품목을 국가가 관리하고 또한 이 정책을 통하여 국내농산물 시장규모가 유지될 수 있는 다양한 장점이 있다.

농촌개발정책은 1930년대 이래 주택, 전기, 통신, 교육, 교통, 상하수도 등 농촌의 기반시설을 개선하기 위한 목적으로 시행되고 있다. 2008년 농업법의 특징은 정부보조가 지속해서 축소되어온 것과 달리 농업부문에 대한 보조는 증가했다는 점이다. 이를 통하여 농가소득을 안정시켰고, 환경보존 등 새로운 허용보조 부문이 증가했으며, 영양정책과 같이 사회정책방향에서 농업과 접목해 국내 농산물 시장을 보호하고 국민 복지를 향상시켰다. 또한 바이오 에너지 개발을 위해 다양한 정책을 도입한 특징이 있다.

이러한 미국의 농업법과 정책을 통해 우리는 단일 품목에 대한 지원정책이 아닌 종합적인 정책의 필요성, 에너지 정책의 도입, 무역장벽 역할을 할 수 있는 영양기준 등 세계 곡물 표준화에 대해 생각해 볼 필요가 있을 것이다.

그러나 소득지지는 전체 농산물생산량의 3분의 2를 차지하는 기업농장에 집중되어 500에이커 이하의 중소규모 농장에는 큰 혜택이 없다는 지적도 있다.

2014년 미국 농업법(Agricultural Act of 2014)은 국제곡물가가 인상되

표 7-1 미국 농장 규모 및 운영주체[27]

구분	단위	연도			2002년 비율			2007년 비율		
		1997	2002	2007	농장수	농장 토지	수확량	농장수	농장 토지	수확량
농장수	1,000	2,216	2,129	2,205						
농장 면적	십만 에이커	955	938	922						
농장당 평균 면적	에이커	431	441	418						
규모별										
10에이커 이하	1,000	205	179	233	8.4	0.1	0.1	10.6	0.1	0.1
10 ~49	1,000	531	564	620	26.5	1.6	1.4	28.1	1.7	1.4
50 ~179	1,000	694	659	661	31.0	7.2	6.7	30.0	7.3	6.2
180 ~499	1,000	428	389	368	18.3	12.3	15.5	16.7	11.9	13.5
500 ~999	1,000	179	162	150	7.6	12.0	18.7	6.8	11.3	16.7
1,000 ~1,999	1,000	103	99	93	4.7	14.5	24.0	4.2	13.8	22.6
2,000에이커 이상	1,000	74	78	80	3.7	52.4	33.6	3.6	53.9	39.6
운영주체별										
개인 혹은 가족	1,000	1,923	1,910	1,906						
조합	1,000	186	130	174						
기업	1,000	90	74	96						
기타*	1,000	17	46	28						

* 협동조합, 부동산 신탁 기관 등.

어 종래의 소득지지정책의 실행이 무의미해지자 가격에 대한 직접지불 구조에서 농가의 소득안정을 강화하는 방향으로 개정되었다. 기존 품목별 지원정책 대신 농업보험제도를 강화하고 농가 수입에 기반을 둔 지원제도로 전환한 것이다. 농업보험제도는 기후, 병해충, 가축질병 등 다양한 영향을 받는 농업의 특성을 반영한 것으로 볼 수 있다. 주요 내용으로는 고정직불제를 폐지하고 경기변동대응직불제(CCP)와 수입보전직불제(ACRE)는 다른 이름으로 계승 유지되었으며, 농업 환경보전 프로그램은 13개로 통폐합되었으며, 영양프로그램 예산도 삭감되었다. 이에 반해 작물보험에 대한 자금자원은 증대되었으며, 유기농산물의 경우 작물보험 적용시 관행가격이 아닌 유기농 가격을 반영토록 하였다.

기존 경기변동대응직불제(CCP)를 대체하는 가격손실보상(Price Loss Coverage, PLC)은 보장되는 품목에 대한 농가가격이 참조가격보다 내려가면 지급되도록 하였으며, 기존 수입보전직불제를 대체한 농업위험보장(Agricultural Risk Coverage)은 작물수입이 감소할 때 농민 자기부담금 일부를 보상하기 위해 설계된 제도이다.

3. 일본의 농업법

일본은 우리나라 법에 많은 영향을 끼친 나라이다. 우리나라 초기 법들이 일본법의 영향을 많이 받았으며, 일본 농업정책을 살펴보면 우리나라와 유사한 흐름을 많이 발견할 수 있다.

일본은 메이지유신 이후 농업사회에서 산업사회로의 전환을 맞이하였으며, 1930년대 세계적인 경제공황과 함께 농촌의 피폐가 극심해지자 '경제갱생계획'에 관한 각종 정책을 시행하였다.

일본도 우리나라와 유사하게 산업구조에서 농업의 비중이 줄어들었으며, 탈농현상 및 농촌인구의 감소 및 고령화 등이 우리나라보다 앞서 나타났다. OECD 자료에 따르면 1960년 대비 전체 농업인구는 20퍼센트 이하로 감소하였고 이 가운데 65세 이상의 인구는 50퍼센트에 달한다.

또한 농업이 전체 GDP에서 차지하는 비중이 1960년에는 9퍼센트에 달했으나 2005년 이후에는 2퍼센트 이하에 불과하며, 노동인구의 비중도 약 27퍼센트에서 5퍼센트 이하로 감소하였다. 해마다 농촌지역의 커뮤니티도 지속해서 감소하여 1970년대에는 14만 개 이상의 지역 커뮤니티의 수가 2020년 이후에는 11만 개 수준으로 감소할 것으로 전망되고 있다. 또한 농촌에 거주하는 가구 가운데 농업에 종사하지 않는 가구의 비중이 해마다 늘어 1970년대에 농가의 비중이 37퍼센트에 달했으나 2000년대 이후에는 23퍼센트 이하로 급속하게 감소하였다.

1943년부터 자작농 창설사업 확충, 수련농장조직 정비, 표준농촌 설정 등을 주요시책으로 하는 '표준농촌 확립운동'이 일어났으며, 전후 경제부흥을 꾀하기 위하여 1946년에 '긴급개척계획'이 세워졌다. 1956년에는 '신농산어촌 건설종합대책'이 등장하였다. 농산어촌 주민의 자주적 총의를 바탕으로 적지적산을 기조로 하는 농산어촌진흥계획(마을가꾸기계획)을 수립하고 토지정비, 농산어촌진흥 공동시설, 적지적산 장려시설, 생활 문화 연수시설 등의 정비를 추진하는 사업이 시행되었다.

1961년에 제정된 「농업기본법」을 바탕으로 하여 1962년에 토지기반정비 및 경영근대화시설정비를 도모하는 '농업구조개선사업', 1963년에는 농업기계화에 의한 노동생산성 향상의 기반을 마련하기 위한 '포장정비사업'이 착수되었으며 1972년에는 개정된 토지개량법에 의거 생활환경정비에 필요한 비농업용지의 창출과 합리적인 토지이용질서 형성이 가능하게 되었다.

1969년에 제정된 「농업진흥지역의 정비에 관한 법률」에 의해 농촌근대화에 필요한 조건을 갖춘 농촌지역을 보전하기 위해 농업진흥지역을 지정하고 우리의 읍·면에 해당하는 시정촌(市町村)은 농업진흥지역 정비계획을 책정하게 되었다.

최근에는 농촌의 자연환경과 경관을 정비 보전하여 쾌적성(amenity)을 높이는 일에 관한 관심이 커져서 농가는 물론이고 지역주민 전체의 삶의 터로서 쾌적한 농촌공간을 지향하는 농촌정비가 새롭게 전개되고 있다.

1999년 식료농업농촌기본법을 제정하였으며, (1) 식료의 안정적인 공급, (2) 다면적 기능의 발휘, (3) 농업의 지속적인 발전, (4) 농촌의 진흥을 기본이념으로 하고 이를 바탕으로 각종 정책을 추진하기 위해 5년마다 식료·농업·농촌기본계획을 수립하고 있다.

일본 농림수산성 농촌진흥기본계획에서는 '고령자 복지', '전원주거공간 형성', '지역자원환경시스템 형성', '자연경관 보전 및 형성', '전통문화보전 활용', '도시농촌교류 촉진', '지역정보시스템 형성', '고용창출', '생산 기반과 생활기반의 일체적 정비' 등을 과제에 포함하고 있다.

4. EU의 농업법

EU 농촌개발의 시기별 변화 과정은 가입국에 따른 제도 변천을 기준으로 표 7-2로 정리할 수 있다. 제1기(1958~1972)는 초기 6개국으로 구성된 시기로 가격지지와 농업구조 근대화가 특징을 이룬다. 제2기(1973~1980)는 9개국으로 구성된 시기로, 농업발전과 농촌발전을 동일시한 시기이다. 제3기(1981~1985)는 10개국으로 구성된 시기로, 이때 농업의 다원적 기능이 강조되기 시작하였다. 제4기(1986년 이후)는 12개국으로 구성된 시기로 농업의 다원적 기능에 대한 정책적 지원수단이 강화되고, 종합적 농촌 개발과 지속 가능한 농촌개발을 추구하는 시기이다.

1999년의 아젠다2000에서는 농촌정책을 EU의 공동농업정책의 두 번째 기둥(second polar)으로 부각시키면서 이를 추진하기 위한 상향식, 종합적 농촌정책(integrated rural policy) 체계를 갖추었다. 공동농업정책은 아젠다2000 이후 '농업의 발전'에서 '농림업의 다양화와 발전 농촌지역의 경쟁력 강화, 환경 및 농촌유산의 보전'으로 중점 분야가 바뀌었으며, 이를 위하여 ① 농업경영에 대한 자본적 투자, ② 인적 자원, ③ 조건

표 7-2 유럽의 시기별 농촌개발 특징

시기	특징
제1기 (1958~1972)	초기 6개국으로 구성된 시기 • 프랑스, 서독, 네덜란드, 이탈리아, 벨기에, 룩셈부르크 • 농산물 수입 • 가격저지, 농업구조 근대화
제2기 (1973~1980)	9개국으로 구성된 시기 • 영국, 아일랜드, 덴마크 가입 • 농업발전과 농촌발전을 동일시 • 1970년대 식량 자급 달성 • 지역격차문제 본격 도입 • 본격적인 농촌개발정책은 아직 도입하지 않음
제3기 (1981~1985)	10개국으로 구성된 시기 • 그리스 가입 • 1980년대 이후 거의 모든 농산물 자급률 100% 상회 • 지역격차에 대한 정책적 지지 미흡 • 농업의 다원적 기능 강조
제4기 (1986년 이후)	12개국으로 구성된 시기 • 스페인, 포르투갈 가입 • 농업의 다원적 기능에 대한 정책적 지원수단 강화 • 종합적 농촌개발, 지속 가능한 농촌 개발

불리 지역, 환경보전 지역에 대한 보상지원, ④ 환경농업지원, ⑤ 농산물 가공과 마케팅, ⑥ 삼림보호 육성, ⑦ 농촌지역의 일반적 발전을 위한 다양한 수단들(제33조 수단들)을 도입하여 이를 강화하고 있다.

EU 국가 중 프랑스는 농업기본법과 농업법전을 두고 있다. 농업법전(code rural)은 농업 분야의 여러 가지 법률을 하나의 법전으로 종합한 것이며, 1791년 「농업법전에 관한 법률」을 최초로 제정한 이후 현재까지 수정 보완되었다. 농업기본법은 농업의 기본방향(Loi d'orientation agricole)을 설정한 법률로 국가 발전에서 농업이 담당해야 할 역할을 명확히 하고 기본 목표와 이를 실현하기 위한 정책을 규정하고 있다. 1960년 제정된 이후 1980년, 1990년에 큰 폭의 개정이 이뤄졌으며 1999년 개정은 WTO의 체제에 따라 농업정책의 목표와 방식을 EU 차원에서 재정비하였다.

스위스 헌법에는 정부의 임무에 대한 조항이 매우 많은 편이다. 연방, 주, 자치단체의 임무를 외교부터 시작해서 도량형에 이르기까지 84개조항에 걸쳐 적어놓았으며, 정부가 해야 할 일 중에 농업에 대한 조항으로 104조가 있다.

104조는 3개의 항으로 되어 있는데 제1항은 농업이 제 역할을 다할 수 있게 연방이 책임진다고 정하면서 농업의 역할을 국민에게 먹거리를 확보해 주는 것, 자연적인 삶의 기초를 유지하고 농촌경관을 보존하는 것, 국토에 고루 인구를 분포하게 하는 것으로 정하고 있어 우리나라 농업기본법에 밝히고 있는 기본이념과 유사하다. 제2항에는 연방정부가 토지이용형 농민 경영체를 지원함에 농민의 자조노력을 보완하면서 필요하다면 경제자유원칙에서 벗어나 지원할 수 있다고 밝히고 있다. 제3항에는 농업이 다기능적 임무를 완수할 수 있도록 연방이 정책들을 구성하도록 규정하고 있으며 특히 생태학적 기능수행 증명에 기초한 농업소득의 보완, 자연-환경-동물 친화적 생산방식에 대한 경제적 인센티브를 제공할 수 있는 권한과 임무를 명시하고 있다.[28]

제104조(농업)

① 연방은 농업이 지속가능한 발전 및 시장의 요구에 부합하며 다음 사항과 관련하여 실질적인 기여를 하도록 보장한다.

a. 국민에 대한 공급안보

b. 천연자원의 보존 및 향토경관의 유지

c. 지역 분산적인 인구분포

② 연방은 농업에 대하여 합리적으로 요구할 수 있는 상호지원조치에 대한 보완책을 위하여 필요한 경우에는 자유경제의 원칙에서 벗어나 농민의 토지

경작을 장려한다.

③ 연방은 농업이 다양한 기능을 수행하도록 조치를 강구한다. 연방은 다음과 같은 권한과 임무를 가진다.

a. 연방은 농민이 생태학적 요건을 충족하였음을 증빙하는 조건으로 농업활동에 대한 공정한 보상금을 직접 지급함으로써 소득을 보전한다.

b. 연방은 경제적으로 유익한 장려책을 통하여 자연친화적인 환경 및 가축의 생산을 장려한다.

c. 연방은 식료품의 원산지, 품질, 제조방법 및 가공공정에 관한 법률을 제정한다.

d. 연방은 비료, 화학물질 및 기타 첨가물의 남용으로 인한 환경의 파괴를 예방한다.

e. 연방은 농업의 연구, 지도 및 교육을 장려하고 투자를 지원할 수 있다.

f. 연방은 농촌지역의 토지소유를 안정화하기 위한 법률을 제정할 수 있다.

④ 연방은 이를 위하여 특별 배정된 농업예산 및 연방의 일반 재원을 투자한다.

표 7-3 EU 농촌개발 전략 가이드라인

축	핵심 지원 활동
제1축 농업 및 임업 부문 경쟁력 강화	역동적인 기업가 정신육성 농림업의 친환경적 성과개선 농업부문의 구조조정
제2축 환경 및 농촌다움의 개선	농업경관의 보전 유기농업의 기여 강화 지역균형발전 촉진
제3축 농촌경제의 다양화 및 삶의 질 향상	소규모기업 육성 광의의 농촌경제에서 경제활동 활성화 및 고용률 증진 재생 가능한 에너지 자원의 혁신과 공급확대
제4축 상향식 지역개발 전략의 채택	지역파트너십 형성 민관파트너십 강화 지역거버넌스 개선

지식 발자국

시장개방과 MMA(최소시장접근) -쌀시장 개방, 늦추는 게 능사 아니다

장태평 농림수산식품부 장관이 최근 관세화를 통한 쌀시장 개방 가능성을 언급했다. 지금까지 쌀시장만큼은 어떤 희생을 치르더라도 지켜야 할 보루라고 국민을 설득하던 정부 부처의 수장이 한 말이었기에 충격이 크고, 논란도 뜨겁다.

쌀 자급을 중시해 온 한국·일본·대만은 쌀 생산 기반을 유지하기 위해 쌀 수입을 적극 막아 왔다. 불행히도 세 나라 경제는 수출 없이는 굴러갈 수 없기 때문에 이들 나라 상품을 수입하는 쌀 수출국과의 마찰이 불가피하다. 결국 밀고 당기는 협상을 통해 쌀에 관세를 물리면서 시장을 개방하거나 최소시장접근(MMA) 물량만 수입하는 조건으로 개방을 유예하거나, 둘 중 하나를 택해야 한다. 유예하면 그만 아니냐고 할지 모르지만 MMA 물량은 한번 늘어나면 개방을 하더라도 개방 직전의 물량을 의무적으로 계속 구매해야 하기 때문에 여간 부담스러운 게 아니다. 결국 일본과 대만은 유예기간을 다 채우기도 전에 조기 관세화로 정책을 바꿔 1999년과 2003년 각각 시장을 개방했다.

한국은 우루과이라운드(UR) 협상을 통해 2004년까지 개방을 유예하는 대신 MMA 물량으로 22만 톤을 의무적으로 수입하기로 했다. 2004년이 되어 다시 10년을 유예했다. 유예기간이 길어질수록 MMA 물량은 복리에 가산금리가 붙는 '달러 빚'처럼 무섭게 불어난다. 처음 10퍼센트에서 시작해 해마다 4퍼센트씩 올려 30퍼센트가 될 때까지 계속 '이자율'을 올리게 된다. 올해 경우 26퍼센트까지 올라 31만 톤을 수입해야 한다. 내년부터는 최고 상한선인 30퍼센트가 적용된다. 쌀 관세화 목표 연도인 2014년 이후에는 쌀시장을 개방하더라도 국내소비량의 12퍼센트에 달하는 41만 톤을 무조건 매년 수입해야 할 판이다.

UR 협상 당시에는 도하개발어젠다(DDA) 협상이 2004년 이전에 타결되고, 쌀에 대한 관세율도 높지 않으리라고 예상했었다. 그러나 지난해까지 질질 끌던 DDA 협상이 잠정합의안만 마련한 채 중단되면서 쌀에 대한 관세율을 수입원가의 500퍼센트 이상까지 높게 책정하게 될 가능성이 커졌다. 여기에 최근의 기상이변과 바이오 에너지의 수요 증가로 쌀 재배량과 재고가 감소하면서 곡물 수입 원가가 배 이상 비싸지게 되자 상황이 급변했다.

농림수산식품부는 일본과 대만이 채택하고 있는 관세상당액(수입원가의 560퍼센트 이상)을 기준으로 400~500퍼센트의 관세를 부과하면 수입쌀이 국산 쌀보다 비싸져 의미 있는 수입은 있을 수 없다고 주장한다. 문제는 MMA 물량인데 관세화 전환 시기가 일 년 늦어질 때마다 MMA 물량이 2만 톤 이상씩 늘어나 매년 260억 원 이상을 무한정 손해 본다는 계산이다. 따라서 조기에 관세화로 전환하자는 것이다. 조기 전환한 일본과 대만은 MMA 물량 이외의 수입은 없다고 한다.

이에 반해 관세 유예를 주장하는 측은 DDA 협상이 재개될 경우 관세가 어떻게 될지 알 수 없는 데다 곡물 생산량이 늘고 환율이 안정되면 수입원가가 다시 크게 떨어질 수 있다고 우려한다. 2004년 노무현 정부가 수출산업 일부를 희생해서라도 쌀시장을 지키겠다는 결연함을 보이지 못한 채 관세화 유예 기간을 슬그머니 연장한 것이나 당장 눈앞의 이익에 현혹돼 이명박 정부가 쌀 시장을 전면 개방한다면 둘 다 본질에서 미봉책이긴 마찬가지라고 주장한다.

쌀시장 보호를 주장해야 애국으로 비치는 현실은 문제지만 가장 오랜 역사와 전통을 가진 민족 산업인 농업의 자존심이 뿌리 뽑히는 현실을 바라보는 심정도 참담하다. 그렇다고 가만히 있을 수는 없다. 선택을 해야 한다. 쇄국을 하면 손해를 보지만 스스로 개방해서 손해 본 경우는 역사에 없다. 이순신 장군은 어려운 시기에 "신에게는 아직도 12척의 배가 있습니다"고 하지 않았던가. 우리 농촌에는 아직도 근면하고, 재능 있는 영농인이 많이 있다. 세계에서 가장 큰 시장도 주변에 있다. 세계 시장이 기다리고 있는데 스스로 주저앉을 이유가 무엇이란 말인가. 소신과 희망을 품고 관세화를 추진하는 것이 옳다.

이정재(서울대 교수 · 지역시스템공학과), 중앙일보 2009년 4월 29일자

8

지식재산권과 산업체

과거와는 달리 농산업이 지식산업으로 파악되면서 신품종의 육성이나 제조법 등에서 수많은 재적재산권이 생기게 되었다. 특히 지역문화와 관련된 지식은 대부분 농업으로부터 비롯된 것임을 고려하면 문화와 상업 분야에 활용이 높을 것으로 판단된다. 이 장에서는 지식재산권 중 특히 농산업과 관련된 종류를 알아보고, 산업체로서 농산업 관련 사업 영역을 넓히고 있는 여러 농산업회사를 살펴보고자 한다.

1. 지식재산권

세계지적재산권기구(WIPO: World Intellectual Property Organization)는 지적재산권을 다음과 같이 정의하고 분류하였다. "지적재산권이란 문학예술 및 과학적 저작물, 실연자의 실연, 음반 및 방송, 인간의 노력에 의한 모든 분야에서의 발명, 과학적 발견, 의장, 상표, 서비스표, 상호 및 기타의 명칭, 부정경쟁으로부터의 보호 등에 관련된 권리와 그 밖에 산업, 과학, 문학 또는 예술분야의 지적활동에서 발생하는 모든 권리를 포함한다."(WIPO 설립협약 2조 8항) 저작권, 저작 인접권, 특허권, 과학적 소유권, 의장권, 상표권, 상호권이나 서비스표권, 지리적 표시, 부정경쟁방지 법에 따라 보호되는 영업비밀 등 일체가 모두 지적재산권에 포함된다.

현재 우리나라의 지적재산권은 통합적으로 관리되지 않고 지적재산권의 종류에 따라 정부의 부처별로 각기 다르게 관리되고 있다. 특허 등의 산업재산권과 영업비밀, 부정경쟁방지법상의 부정경쟁행위, 반도체 배치설계 등은 특허청에서 담당하고, 저작권과 문화콘텐츠 등은 문화체육관광부가 담당한다. 그리고 컴퓨터 프로그램, 온라인 디지털 컨텐츠, 데이터베이스 등은 지식경제부가 관리하고, 식물종자의 품종보호는 농림축산식품부가 담당한다. 최근 각 법의 통합을 목적으로 2011년 지식재산기본법이 제정되었으나, 실질적인 효력이 있는 형태가 아닌 한계를 갖고 있다.

「특허법」은 발명을 보호 장려하고 그 이용을 도모함으로써 기술의

표 8-1 세계 지적재산권의 정의와 분류

분류	권리
산업재산권	발명특허권, 실용신안건, 의장권, 집적회로의 배치설계권, 상표권, 상호권, 지리적 표시, 부정경쟁방지
저작권	배포권, 사용권, 공연방송권, 번역편집권

표 8-2 지적재산권의 법체계 및 담당기관

지적재산권	유효기간	관계 법령	담당기관
특허권	특허출원일 후 20년	특허법	특허청
실용신안권	실용신안등록출원일 후 10년	실용신안법	특허청
의장권	설정등록이 있는 날부터 15년	디자인보호법	특허청
상표권	설정등록이 있는 날부터 10년	상표법	특허청
상호권	–	상법	국세청
영업비밀	–	부정경쟁방지 및 영업비밀 보호에 관한 법률	특허청
반도체 집적회로 배치 이용권	–	반도체 집적회로 배치 설계에 관한 법률	특허청
저작권	생존 + 사망 후 70년간	저작권법	문화체육관광부
컴퓨터 프로그램	–	컴퓨터 프로그램 보호법	지식경제부
온라인 디지털 콘텐츠	–	온라인 디지털 콘텐츠 산업 발전법	지식경제부
품종보호권	설정 등록된 날부터 20년으로	식물신품종 보호법	농림축산식품부
지리적 표시	–	농산물 품질관리법	농림축산식품부
		수산물 품질관리법	농림축산식품부
		상표법	특허청
원산지 표시	–	부정경쟁 방지 및 영업비밀 보호에 관한 법률	특허청
		대외무역법	지식경제부
		농산물 품질관리법	농림축산식품부
		수산물 품질관리법	농림축산식품부

발전을 촉진하여 산업발전에 이바지함을 목적으로 한다(제1조). '발명'이라 함은 자연법칙을 이용한 기술적 사상의 창작으로서 고도한 것(제2조)을 말하며, 실용신안법의 '고안'과는 차이가 있다.

특허권의 존속기간은 특허권 설정등록이 있는 날로부터 특허출원일 후 20년이 되는 날까지로 하며(제88조) 특허권자는 업으로서 그 특허발명을 실시할 권리를 독점한다(제94조). 다만 특허권에 관하여 전용실시권을 설정한 때에는 전용실시권자가 독점적 권리를 가진다(제100조). 전용실시권 외 타인에게 통상실시권을 허락할 수 있다(제102조).

「상표법」은 상표를 보호함으로써 상표사용자의 업무상 신용유지를 도모하고 산업발전에 이바지함과 아울러 수요자의 이익을 보호함을 목적으로 한다(제1조).

'상표'란 상품을 생산 가공 또는 판매하는 것을 업으로 영위하는 자가 자기의 업무에 관련된 상품을 타인의 상품과 식별되게 하려고 사용하는 기호 · 문자 · 도형, 입체적 형상 등을 말한다(제2조). 상표법에 정의된 '지리적 표시'라 함은 상품의 특정 품질 · 명성 또는 그 밖의 특성이 본질적으로 특정 지역에서 비롯되었으면 그 지역에서 생산 · 제조 또는 가공된 상품임을 나타내는 표시를 말한다. 상표권은 설정 등록에 의해 발생하며(제41조) 상표권의 존속기간은 상표권의 설정등록이 있는 날부터 10년으로 하며, 존속기간갱신등록신청에 따라 10년씩 갱신할 수 있다.

「종자산업법」은 종자의 생산 · 보증 및 유통, 종자산업의 육성 및 지원 등에 관한 사항을 규정함으로써 종자산업의 발전을 도모하고 농업 · 임업 및 수산업 생산의 안정에 이바지함을 목적으로 한다(제1조). '종자산업'이란 종자를 육성 · 증식 · 생산 · 조제 · 양도 · 대여 · 수출 · 수입 또는 전시하는 것을 업으로 하는 것을 말하며, '육성자'는 신품종을 육성한 자나 발견하여 개발한 자를 말하며, '품종보호권'이란 종자산업법에 따라 품종보호를 받을 수 있는 권리를 가진 자에게 주는 권리를 말한다

(제2조).

품종보호에 관한 절차는 「특허법」 등을 준용하며(제10조), 신규성, 구별성, 균일성, 안정성, 제108조 제1항에 따른 품종명칭을 갖추어야 품종보호를 받을 수 있다(제12조). 품종보호권의 존속기간은 품종보호권이 설정 등록된 날부터 20년으로 하며, 과수와 임목은 25년으로 한다(제56조). 품종보호권자는 업으로서 그 보호품종을 실시할 권리를 독점하나 전용실시권을 설정하였을 경우 전용실시권자가 그 보호품종을 실시할 권리를 독점하는 범위에서는 그러지 아니한다(제57조). 특허권에서와같이 품종보호권에 대하여 타인에게 통상실시권을 허락할 수 있다(제64조).

「디자인보호법」은 디자인의 보호 및 이용을 도모함으로써 디자인의 창작을 장려하여 산업발전에 이바지함을 목적으로 한다(제1조). '디자인'이라 함은 물품[물품의 부분 및 글자체를 포함]의 형상·모양·색채 또는 이들을 결합한 것으로서 시각을 통하여 미감을 일으키게 하는 것을 말한다(제2조). 디자인을 창작한 자 또는 그 승계인은 이 법에서 정하는 바에 의하여 디자인등록을 받을 수 있는 권리를 가진다. 특허청 직원, 특허심판원 직원은 상속 또는 유증의 경우를 제외하고는 재직 중 디자인등록을 받을 수 없다(제3조).

공업상 이용할 수 있는 디자인으로서 디자인등록출원 전에 국내 또는 국외에서 공지되었거나 공연히 실시된 디자인 그리고 반포된 간행물에 게재되었거나 전기통신회선을 통하여 공중이 이용 가능하게 된 디자인을 제외하고는 그 디자인에 대하여 디자인등록을 받을 수 있다(제5조). 그러나 국기·국장·군기·훈장·포장·기장 기타 공공기관 등의 표장과 외국의 국기·국장 또는 국제기관 등의 문자나 표지와 동일 또는 유사한 디자인과 디자인이 주는 의미나 내용 등이 일반인의 통상적인 도덕관념인 선량한 풍속에 어긋나거나 공공질서를 해칠 우려가 있는 디자인은 디자인등록을 받을 수 없다(제6조).

디자인등록출원인은 디자인권의 설정등록일로부터 3년 이내의 기간을 정하여 그 디자인을 비밀로 할 것을 청구할 수 있으며(제13조) 디자인권의 존속기간은 디자인권의 설정등록이 있는 날부터 15년으로 하며(제40조), 디자인권자는 업으로서 등록디자인 또는 이와 유사한 디자인을 실시할 권리를 독점한다(제41조).

지식 발자국

삼성-애플 소송의 핵, 트레이드 드레스

삼성전자와 애플의 스마트폰 특허전쟁

지금까지 전 세계에서 이렇게 주목받은 특허 소송은 없었다. 작년 4월 미국에서 애플이 특허 침해를 이유로 삼성전자를 제소하면서 시작된 소송은 전 세계 9개국에서 30건이 넘는 법정 다툼이 벌어졌고 이때마다 양측 간 피 튀기는 논리 싸움이 전개됐다. 그러나 하이라이트는 미국 캘리포니아 북부지방법원(새너제이)에서 열린 본안 소송. 지금까지는 판매금지 가처분 신청 등이 주류였으니 이번 새너제이 소송은 소위 정식 재판에 해당되는 것이었다.

결과는 삼성전자의 완패였다. 미국 법원의 배심원들은 하루 전 한국에서 나온 판결과 상반된 결과를 내놨다. 삼성이 주장한 통신기술 특허는 단 한 건도 인정하지 않고 애플이 주장한 디자인 특허는 대부분 인정했다.

이번 판결의 핵심은 바로 '트레이드 드레스(trade dress)'다. 이걸 이해해야 모든 궁금증이 풀린다.

미국의 특허법은 트레이드 드레스에 대한 지적재산권이 매우 폭넓게 인정되며 이번 판결에서도 중요한 변수로 작용했다.

그렇다면 트레이드 드레스라는 게 과연 어떤 것인가.

우리말로 번역하면 '상품외장' 정도인데 한국의 특허제도에서는 이를 명시적으로 담아내지 못하고 있다.

백과사전에 나타난 정의를 보면, 제품의 포장이나 용기 또는 제품 자체의 모양, 제품의 크기나 색채 등 제품의 고유한 이미지를 만들어내는 여러 가지 복합적인 요소라고 돼 있다. 전통적으로 지적재산권이라고 분류하기는 어렵고 이름을 도용하는 상표하고도 다르고 제품의 기능을 중시하는 의장과도 다른, 일종의 상품 장식에 해당한다.

가장 쉬운 예를 들자면 코카콜라의 병이다. 코카콜라의 병은 좀 독특하다. 여성의 몸매를 연상하는 잘록한 허리 모양, 표면에 웨이브를 준 것 등, 다른 음료수의 병과는 전혀 다른 차원의 병이었다. 이런 게 바로 트레이드 드레스다. 맨 처음 코카콜라는 매우 창의적인 아이디어로 콜라병을 만들어냈고, 다른 회사가 이런 모양의 병을 만들지 못하도록 특허 등록을 했다. 누군가 이와 비슷한 병을 만들어 여기에 음료수를 담아서 판다면, 그게 바로 코카콜라의 디자인 특허를 침해하게 되는 것이다.

뭘 갖고 특허 침해라고 할 것인가. 그야말로 주관적이다. 그냥 병을 봤을 대 "아, 이건 코카콜라 같은데…"하면 위험하다.

미국은 지난 1989년 상표법을 개정해 트럭의 독특한 외관 디자인, 치어걸의 복장, 레스토랑의 메뉴와 외관 등을 지적재산권의 하나로 규정한 예가 있다. 우리나라에는 이런 제도는 없다. 그리고 이런 디자인 특허는 애플이 도저히 양보할 수 없다고 버틴다는 데 문제가 있다.

그렇다면 삼성전자는 도대체 어떤 애플의 트레이드 드레스를 침해했느냐이다.

애플의 주장은 ▲모서리가 둥근 직사각형 형태이고 ▲직사각형 모양을 둘러싼 테두리(bezel)가 있고 ▲앞면에 직사각형 모양의 화면이 있으며 ▲화면 윗부분에 좌우로 긴 스피커 구멍이 표시됐다는 게 아이폰의 특징으로 보고 있고 삼성의 갤럭시는 이런 애플의 이미지를 떠올린다는 것이다.

과연 그럴까? 삼성전자 갤럭시를 보면 애플의 아이폰 같을까? 그리고 아이폰은 그런 외관 이미지가 디자인 특허로 인정할 만큼 자신만의 독특한 것일까?

이게 특허 소송 핵심이다.

손현덕 매일경제 부국장, 매일경제 2012년 8월 28일자
(참고: 원문에서 일부내용을 발췌)

2. 농산업 지식재산권

지식재산권이라 함은 특허 등과 같은 것을 떠올릴 수 있으며 이러한 지식재산권이 가져야 할 요건으로는 신규성, 진보성, 산업성을 들 수 있다. 그러나 농산업 분야 지식재산권은 이러한 요건을 갖추기 어려운 특징이 있다. 농업관련 지식재산권은 요건을 갖추기 어렵고 지역 특산물이거나 지역 내 불특정 다수가 소유자가 되어 지식재산권의 소유자가 불분명하나, 이러한 농산업 지식재산권을 인정하려고 하는 것은 농업분야의 시장실패를 보완적으로 추진하는 정책적인 성격을 띤다.

유전자원은 신규성이라는 요건을 갖추지 않는다. 기존의 그 지역에 계속 있었던 나리 등과 같은 종자를 들 수 있다. 일전에 일본의 딸기 종묘 값이 이슈가 되거나 장미 종묘 값이 이슈가 된 적이 있다. 우리나라도 「농업유전자원의 보존관리 및 이용에 관한 법률」을 정하여 관리 보전하고 있다.

유전자원 권리보호에 대한 국제협약 및 협의를 보면 국제기구 및 협약에 따라 유전자원의 지식소유권을 인정하는 것과 공유해야 한다는 측면으로 나뉘어 나타나고 있다. 국제식량기구(FAO)의 '식물유전자원의 보전과 활용에 관한 범지구적 체계(The FAO Global System for the Conservation and Utilization of Plant Genetic Resources)'에서는 유전자원에 대해 자유로운 접근권이 보장되어야 한다는 주장이 있었다. 무역 관련 지적재산권에 관한 협정(Agreement on Trade-Related Aspects of Intellectual Property Rights. TRIPs)은 특허권, 디자인권, 상표권, 저작권 등 지적재산권에 대한 최초의 다자간규범으로 1995년 발효된 WTO 협정의 부속협정에 포함되었다. 생물다양성협약(Convention on Biological Diversity, CBD)은 생물다양성을 보전하고 그 구성요소의 지속 가능한 이용을 확보하며 유전자원의 이용으로부터 나오는 이익을 공정하고 공평하게 분배하는

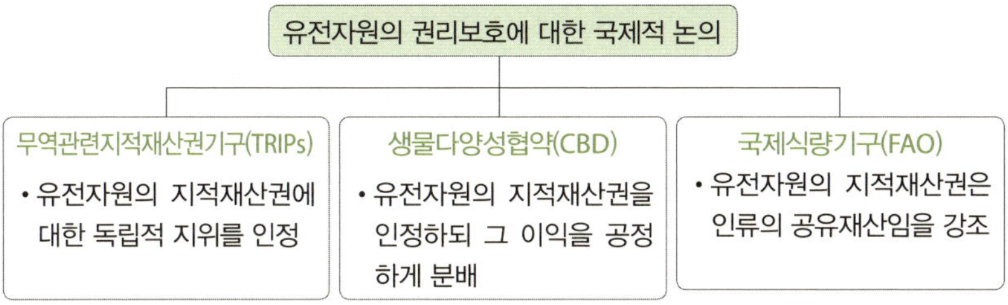

그림 8-1 국제 유전자원 관련 국제기구 및 협약

것(Access and Benefit Sharing, ABS)을 목적으로 하고 있다. 즉, 보전과 지속 가능한 이용, 각국의 주권과 인류 공동의 이해를 동시에 규정함으로써 생물다양성에 대한 균형 있는 시각과 실용적인 접근방법을 제공하고 있다.[29]

미국 국립암센터(NCI)의 유전자원 수집계약 사례는 유전자원의 제공자와 이용자 간의 ABS 계약사례로 가장 대표적이다. 미국이 CBD에 가입하지 않고 있음에도 미국의 국립암센터가 자발적으로 자원보유국들과 ABS 계약을 체결하였다.

또한 생물다양성 협약에서는 '전통지식(Traditional Knowledge, TK)'에 대해 국내법에 따라 생물다양성의 보전과 지속 가능한 이용을 위하여 지식, 혁신적 기술 및 토착 또는 지역사회의 관습 등 전통지식을 존중 보호 유지하여야 하며, 전통지식, 기술, 관습 보유자의 승인 및 참여에 기초한 폭넓은 응용을 촉진하며, 당해 전통지식의 이용에 따른 이익의 공평한 분배를 장려하여야 한다고 규정하고 있다.

농산업 지식재산권 중 전통농법 및 전통지식, 전통식품의 전통이라는 단어는 '신규'와는 대비되는 의미가 있다. 전통지식의 항목에 포함되는 것으로는 농업적 지식, 과학적 지식, 기술적인 지식, 생태학적인 지식, 음악, 춤, 노래, 수예품, 디자인, 동화와 예술작품의 형태로 된 민속 전승의 표현, 이름, 지리학적인 표식과 기호 같은 언어의 요소들, 유동적인

표 8-3 시도별 농산물 브랜드 등록 현황

구분	경기	강원	충북	충남	전북	전남	경북	경남	제주	기타
등록	135	242	124	233	173	247	422	225	108	83
미등록	163	420	223	599	312	340	377	724	61	120
등록률(%)	45	37	36	29	36	42	53	24	64	41

주: 기타는 서울, 부산, 대구, 광주, 대전, 울산, 인천.

문화적 재산 등이 있다.

지식재산권의 한 형태로 상표와 지리적 표시제를 들 수 있는데, 상표의 지리적 표시 중 가장 유명한 것은 샴페인을 들 수 있다. 그러나 농산물은 특산이기 때문에 등록상표가 되기 어려운 특징을 가진다.

순창고추장이라고 하면 순창에서 자란 콩, 고추, 순창 특유의 고추장 기법을 써야 하는 것으로 생각할 수 있으나 현재 순창고추장이라는 상표로 팔리는 제품은 그렇지 않다. 영광굴비나 횡성한우와 관련된 판례에서도 알 수 있듯이 그 기준을 명확하게 두기 어려운 경향이 있다.

2014년 기준 우리나라 농산물 브랜드 수가 5,291개로 많은 브랜드가 난립하고 있다. 이는 소비자들에게 브랜드 선택의 혼란을 가져와 결과적으로 브랜드화의 본래 취지를 상실하게 한다.

표 8-4 지리적 표시의 품목별 등록 현황

분류	전국	서울 경기	강원	충북	충남	대구 경북	부산 경남	전북	광주 전남	제주	계
농산물	6	4	11	6	5	10	10	5	19	1	77
축산물	–		2						3	1	6
임산물	–	1	9	3	3	12	5	3	8	-	44
수산물	–						2	1	12		15
계	6	5	22	9	8	22	17	9	42	2	3

* 2012년 12월말 기준

지리적 표시 보호제도는 특정 지역에서 생산된 상품 중 품질이나 맛 등에서 널리 알려진 평판이나 명성을 가지고 있을 때 확립된 명성을 부당하게 이용하는 것을 방지하기 위한 것이다. 이는 상품의 품질이 생산지의 기후, 풍토 등과 같이 자연적 환경과 밀접한 관련이 있는 경우 그 상품의 생산지를 알리는 표시로서 그 상품이 생산된 지역의 지리적 명

표 8-5 지리적 표시의 등록 현황

분류	등록 품목
농축산물	보성 녹차, 하동 녹차, 고창 복분자주, 서산 마늘(등록철회), 영양 고춧가루, 의성 마늘, 괴산 고추, 순창 전통고추장, 괴산 고춧가루, 성주 참외, 해남 겨울배추, 이천 쌀, 철원 쌀, 고흥 유자, 홍천 찰옥수수, 강화 약쑥, 횡성 한우고기, 제주 돼지고기, 고려 홍삼, 고려 백삼, 고려 태극삼, 안동 포(등록 철회), 충주 사과, 밀양 얼음골사과, 한산 모시, 진도 홍주, 정선 황기, 남해 마늘, 단양 마늘, 창녕 양파, 무안 양파, 여주 쌀, 무안 백련차, 청송 사과, 고창 복분자, 광양 매실, 정선 찰옥수수, 진부 당귀, 고려 수삼, 청양 고추, 청양 고춧가루, 해남 고구마, 영암 무화과, 여주 고구마(등록 철회), 보성 삼베, 함안 수박, 고려 인삼제품, 고려 홍삼제품, 군산 찰쌀보리쌀, 제주 녹차, 홍천 한우, 영월 고추, 영천 포도, 영주 사과, 서생 간절곶 배, 무주 사과, 함평 한우, 삼척 마늘, 김천 자두, 영동 포도, 진도 대파, 김천 포도, 원주치악산 복숭아, 영월 고춧가루, 영광 찰쌀보리쌀, 예산 사과, 여수 돌산갓, 여수 갓김치, 청도 한재미나리, 담양 딸기, 보성 웅치올벼쌀, 사천 풋마늘, 고령 수박, 의령 망개떡, 강릉 한과, 금산 깻잎, 괴산 찰옥수수, 인제 콩, 김포 쌀, 영광 한우, 나주 배, 창녕 마늘, 고흥 한우, 진도 검정쌀, 거문도 쑥, 부산대저 토마토, 안성 배
임산물	양양 송이, 장흥 표고버섯, 산청 곶감, 정안 밤, 울릉도 삼나물, 울릉도 미역취, 울릉도 참고비, 울릉도 부지갱이, 경산 대추, 봉화 송이, 청양 구기자, 상주 곶감, 창선 고사리, 영덕 송이, 구례 산수유, 광양백운산 고로쇠, 영암 대봉감, 천안 호두, 문경 오미자, 무주 머루, 울진 송이, 횡성 더덕, 악양 대봉감, 영동 곶감, 가평 잣, 홍천 잣, 보은 대추, 청도 반시, 정선 곤드레, 거제 맹종 죽순, 태백 곰취, 인제 곰취, 덕유산 고로쇠수액, 진도 구기자, 횡성 참숯, 담양 죽순, 무주 머루와인, 충주 밤, 함양 곶감, 울릉 우산고로쇠, 강릉 개두릅, 화순 작약, 화순 목단
수산물	고성 벌교 꼬막, 완도 전복, 완도 미역, 완도 다시마, 기장 미역, 장흥 키조개, 장흥 무산김, 완도 김, 완도 넙치, 장흥 매생이, 여수 굴, 남원 미꾸라지, 고흥 다시마, 고흥 미역 무안 낙지(신청 중), 영광 굴비(신청 중), 창원진동 미더덕

* 2013년 6월 말 기준

표 8-6 특허법과 종자산업법의 비교

구분	특허법	종자산업법
보호대상	모든 유용한 새로운 변종식물 생명공학 기술, 육종방법	새로운 품종
		전통적인 육종기술
보호요건	(제29조) 산업상 이용성	(제12조) 신규성(Novelty)
	신규성	구별성(Distinctness)
	진보성	균일성(Uniformity)
		안정성(Stability)
		품종명칭 제시
보호기간	(제88조) 출원 시부터 20년	(제57조) 등록 후 20(수목25)년
권리의 효력	(제2조) 생산, 사용, 양도, 대여, 수입, 청약 및 전시	(제2조) 증식, 생산, 조제, 양도, 대여, 수출, 수입, 전시
효력제한	(제96조) 연구, 시험, 단순통과한 공기와 선박, 출원 전 국내에 있었던 물건	(제58조) 연구, 실험 비영리 목적의 자가소비, 육종소재로 보호품종사용, 농민의 자가채종

칭을 등록하여 보호하는 제도이다. 지리적 표시 등으로 등록된 지역의 생산자는 그 지리적 명칭을 배타적으로 사용할 권리를 가진다.

향토산업이란 지역의 특산물을 이용하거나 그 지역에서 고유하게 전승되어 온 비법으로 조리된 식품 산업과 지역의 문화적 행사를 통해서 발달한 산업이 포함된다. 농촌지역개발의 한 방안으로 향토자원을 이용한 향토 산업 육성을 위하여 「농어업인 삶의 질 향상 및 농어촌지역 개발촉진에 관한 특별법」이 제정되었다(31조 제1항).

농촌지역 특화사업은 농촌지역에 부존(賦存)되어 있는 향토자원을 개발하여 일차 · 이차 · 삼차 산업으로 연계 · 발전시켜 지역경제의 활력을 증진하고, 지역에 고유한 지역특화품목을 집중적으로 육성하여 농가소득을 증대하는 데 목적이 있다.

「종자산업법」에 의해 보호받는 신품종 보호제도는 농산업 지식재산권 중에 지식재산권의 요건에 가장 들어맞는 특성이 있다. 육성자가 신품종을 육성하였을 때 신품종을 출원하여 품종보호권이 설정되면 독점적 권리를 행사할 수 있도록 함으로써 육성자의 지식재산권을 최대한 보호해주는 일종의 특허제도이다.

3. 농산업회사

국제적 곡물회사는 아처 대니얼스 미들랜드(Archer Daniels Midland; ADM), 붕게 사(Bunge Limited), 카길(Cargill) 등이 있다.

1902년 미네소타주 미니애폴리스에서 설립된 아처 대니얼스 미들랜드(이하 ADM)는 현재 일리노이주 디케이터(Decatur)에 본부가 있다. 전 세계에 걸쳐 270개 이상의 농장을 운영하며, 여기에서 생산되는 곡물과 오일씨는 음식, 음료수, 건강식, 산업, 동물 사료에서 쓰이고 있다. ADM은 농작물 재배뿐만 아니라 농작물 저장과 유통 서비스 역시 겸하고 있다.

주요 생산품은 콩기름과 옥수수가루, 목화 종자, 해바라기 종자, 카놀라, 땅콩, 아마인, 디아실글리세롤(DAG), 옥수수 종자, 옥수수 글루텐 음식제, 당밀, 전분, 포도당, 결정질 포도당, 고과당 옥수수 시럽 감미료, 코코아 음료, 코코아 파우더, 코코아 버터, 초콜릿, 에탄올, 밀이 있다. 최근에는 연료생산으로 분야를 넓히고 있는데, 에탄올과 바이오 디젤을 중심으로 하는 바이오 에너지에 많은 투자를 하고 있다.

표 8-7 아처 대니얼스 미들랜드(ADM) 현황[31]

(단위: 10억 달러, 명, 2011년 기준)

매출	운영수익	순이익	총자산	순자산	직원 수
80.68	4.02	2.04	42.19	18.84	30,000

표 8-8 붕게 사(Bunge Limited) 현황[32]

(단위: 10억 달러, 명, 2008년 기준)

매출	운영수익	순이익	총자산	순자산	직원 수
52.57	2.42	1.06	20.23	7.44	32,000

붕게 사는 1818년 요한 피터 붕게(Johann Peter Gotieb Bunge)가 암스테르담에 설립하였고, 1859년 에두아르드 붕게(Edouard Bounge)가 앤트워프(Antwerp)로 이전하였다. 1905년부터 브라질과 미국으로 사업을 확장하여 현재에 이르고 있다. 붕게는 농장에서부터 소매까지 사업영역이 매우 넓다. 32개국 450개 이상의 시설에 3만 2,000명 이상이 농산업과 식품생산 분야에 종사하고 있다. 구체적인 사업영역은 다음과 같다.

- 농장용 비료와 동물 사료 생산
- 전 세계 농장에서 기름용 씨앗과 곡식을 생산하여 소비자에게 운송
- 식용 기름, 마요네즈, 마가린, 쇼트닝과 기타 음식 생산
- 식품산업과 제과점, 맥주등 상업적 소비자를 위한 밀과 옥수수의 제분

카길은 1865년 미네소타주 미네통카(Minnetonka)에서 설립된 개인 소유 다국적 기업이다. 현재 미국에서 매출액이 가장 많은 기업 중 하나로 만약 기업이 공개되었다면 포춘 500(Fortune 500)에서 상위 10위에 매겨질 것이라 한다. 66개 나라에서 13만 명 이상이 일하고 있으며, 미국 수출의 25퍼센트 미국 내 육류 시장의 22퍼센트를 차지한다. 아르헨티

표 8-9 카길(Cargill) 현황[33]

(단위: 10억 달러, 명, 2011년 기준)

매출	운영수익	순이익	총자산	순자산	직원 수
119.5	4.6	4.24	72.29	27.2	131,000

나의 최대수출회사이며, 태국 최대의 가금생산회사이다. 미국에서 소비되는 맥도널드의 모든 달걀이 카길의 농장을 통하며, 미국 유일의 앨버거 공정(Alberger process) 소금 생산기업이다.

카길의 주요 사업은 곡식과 기타 농산품, 에너지와 철강, 운송, 가축과 사료의 생산과 판매, 가공식품의 생산과 산업적 사용에 관한 교역, 구입과 분배이다. 또한 농산물 시장의 위험을 관리하기 위해 큰 금융서비스를 운영하고 있다.

우리나라에는 1988년 충남 천안에 공장과 함께 카길 코리아가 설립되었다. 2001년 사료회사인 퓨리나와 합병하여 카길사료(주식회사 카길애그리퓨리나)를 두고 있으며, 미국산을 포함한 육류수입 사업도 진행하고 있다. 퓨리나는 1986년 설립된 우리나라 사료시장 1위 사료회사이다.

식품회사로는 네슬레(Nestlé), 몬산토(Monsanto), 코내그라 푸드(ConAgra Food) 등이 있다.

네슬레는 1866년 앙리 네슬레(Henri Nestlé)가 스위스 브베(Vevey)에서 설립하였고, 식품과 관련한 세계적인 대기업이다. 1905년 페린락테 앙리 네슬레 사(Farine Lactée Henri Nestlé Company)가 앵글로 스위스 연유회사(Anglo-Swiss Milk Company)를 합병하면서 네슬레로 명칭을 사용하였다. 초기에는 우유와 유아식이 주 사업 분야였으나 제1,2차 세계대전을 계기로 분야를 넓히고 급성장하여 2010년 기준 세계 86개국에 약 28만 1,000명의 종사자가 있다.

네슬레는 6,000개 이상의 브랜드가 있다. 주로 커피, 생수, 음료, 초콜릿, 아이스크림, 유아용 음식, 기능과 건강식품, 조미료, 냉동냉장식품,

표 8-10 네슬레(Nestle) 현황

(단위: 10억 스위스 프랑, 명, 2010년 기준)

매출	운영수익	순이익	총자산	순자산	직원 수
109.72	16.19	34.23	111.64	62.6	281,000

표 8-11 몬산토(Monsanto) 현황

(단위: 10억 달러, 명, 2010년 기준)

매출	운영수익	순이익	총자산	순자산	직원 수
10.5	1.61	1.11	17.87	10.14	21,400

표 8-12 코내그라 푸드 사(ConAgara Foods) 현황

(단위: 10억 달러, 명, 2010년 기준)

매출	운영수익	순이익	총자산	순자산	직원 수
12.08	1.08	0.72	11.74	4.92	24,400

과자, 애완견 식품 등이 있다.

몬산토는 미국 미주리주 크리브 코어(Creve Coeur)에 위치한 미국을 기반으로 하는 다국적 농업 바이오기술회사이다. 제초제 라운드업(Roundup)과 유전공학 종자의 주도적인 생산자로, 미국 유전공학 종자 시장의 90퍼센트를 차지하고 있다.

코내그라 푸드 사(ConAgra Foods, Inc.; CAG)는 미국 네브라스카주 오마하(Omaha)에 위치한 북미에서 가장 큰 포장식품회사이다. 코내그라의 제품들은 식당과 음식물취급소 뿐만 아니라 슈퍼마켓에서도 구매할 수 있다. 주요 브랜드는 헌트(Hunt's), 스위스 미스(Swiss Miss), 데이비드 해바라기씨(David Sunflower Seeds) 등으로 식용유, 냉동 식품, 핫코코아, 핫도그, 땅콩버터 이외에도 많은 식품을 취급한다.

국내 농산업 회사를 살펴보자. 농기업에 대한 학술적 정의는 없고, 농업생산을 중심으로 한 전후방의 산업을 포함하는 개념으로 구성(대한상공회의소 기업정보의 업종 카테고리별 분류사용)되어 있다. 현재 매출 1,000억 이상의 농기업은 65개로, 서울과 경기지역을 중심으로 한 비료와 식품 산업에 집중되어 있다.

대한상공회의소 기업정보 업종 카테고리별 분류에 의한 농업관련 업

체는 총 970이나 관련 제조 및 도소매 분야를 모두 합한 총계는 24,548로 표 8-13과 같다.

「농어업경영체 육성 및 지원에 관한 법률」에 따르면 농업경영체란 「농어업·농어촌 및 식품산업기본법」 제3조 제2호 가목에 따른 농업인, 제16조에 따른 영농조합법인과 제19조에 따른 농업회사법인으로 정의하고 있으며, 어업경영체란 「농어업·농어촌 및 식품산업 기본법」 제3조 제2호 나목에 따른 어업인, 제16조에 따른 영어조합법인과 제19조에 따른 어업회사법인으로 정의하고 있다. 식품사업자란 「식품산업진흥법」 제11조 제1항에 따른 사업자단체로 정의되며 우리가 알고 있는 농산업 회사는 대부분 식품사업자에 해당한다.

- 영농조합법인: 협업적 농업경영을 통하여 생산성을 높이고 농산물의 출하·유통·가공·수출 등을 공동으로 하려는 농업인 또는 「농어업·농어촌 및 식품산업 기본법」 제3조 제4호에 따른 농업 관련

표 8-13 국내 농업관련 업체[34]

업종분류	업체수
작물재배업	494
축산업	262
작물재배 및 축산 복합농업	2
작물재배 및 축산 관련 서비스업	16
식료품 제조업	7,367
음료 제조업	703
담배 제조업	10
화학물질 및 화학제품 제조업(의약품 제외)	5,464
의료용 물질 및 의약품 제조업	738
음 · 식료품 및 담배 도매업	9,492
합계	24,548

생산자단체는 5인 이상을 조합원으로 하여 영농조합법인(營農組合法人)을 설립할 수 있다.

- 농업회사법인: 농업의 경영이나 농산물의 유통·가공·판매를 기업적으로 하려는 자나 농업인의 농작업을 대행하려는 자는 대통령령으로 정하는 바에 따라 농업회사법인(農業會社法人)을 설립할 수 있다. 농업회사법인을 설립할 수 있는 자는 농업인과 농업생산자단체로 하되, 농업인이나 농업생산자단체가 아닌 자도 대통령령으로 정하는 비율의 범위에서 농업회사법인에 출자할 수 있다. 농업회사법인은 부대사업으로 ① 영농에 필요한 자재의 생산 및 공급사업, ② 영농에 필요한 종자생산 및 종균배양사업, ③ 농산물의 구매 및 비축사업, ④ 농업기계나 그 밖의 장비 임대·수리 및 보관사업, ⑤ 소규모 관개시설의 수탁 및 관리사업을 할 수 있다.
- 식품사업자: 식품사업자는 식품산업의 발전을 위하여 농림수산식품부장관의 인가를 받아 사업자단체를 설립할 수 있다. 식품사업자단체는 ① 해당 산업의 발전방향에 관한 조사·연구사업, ② 해당 산업의 경쟁력 제고와 회원 상호 간의 이익증진을 위한 사업, ③ 식품산업과 농어업 간의 연계강화를 위한 사업, ⑤ 원료 및 식품의 공동구매 및 판매 사업, ⑥ 식품산업 발전을 위한 교육·홍보사업, ⑦ 국민의 식생활 개선을 위한 사업, ⑧ 해외시장 개척 및 국제교류협력 사업, ⑨ 식품산업에 대한 정보 제공 및 컨설팅 지원사업, ⑩ 그 밖에 식품산업 진흥을 위하여 농림수산식품부장관이 필요하다고 인정하는 사업을 실시할 수 있다.

주요 국내 식품회사를 살펴보면, 하림은 1978년 익산시 망성면에서 종계사육을 업으로 하는 황등농장으로 출발하였으며, 1986년 (주) 하림식품 설립, 1997년에 코스닥 등록하고 2000년에는 HACCP 인증을 획

표 8-14 하림 현황

(단위: 10억 원, 명, 2013년 기준)

매출액	당기순이익	자산총액	자본금	종업원
789.05	15.51	481.05	27	2,036

표 8-15 대상 현황

(단위: 10억 원, 명, 2013년 기준)

매출액	영업이익	당기순이익	자산총액	자본금	종업원
2,542.3	155.8	105.8	–	36	3,928

득하였다. 주요 제품으로는 통닭, 삼계탕, 닭가슴살, 닭날개(윙), 소시지, 햄, 훈제, 바비큐, 치킨가스, 닭죽이 있다.

대상은 1956년 설립, 국내외 25개 자회사를 두고 본사는 서울시 동대문구 신설동에 있다. 1997년 현대 미원에서 대상으로 사명을 변경하였다. 주요 제품으로는 조미료와 햄, 소시지, 건강식품 등 모든 식제품을 생산하고 있다. 국내 최대의 전분 및 전분당 제조회사로 전분과 과당, 올리고당, 물엿 등을 제조 판매한다. 대표적인 브랜드는 미원, 맛나, 청정원, 순창고추장 등이 있다.

풀무원은 1981년 풀무원효소식품(주) 설립 후 같은 해 6월 풀무원식품(주), 1995년 (주)풀무원을 거쳐 2008년 7월 지주회사로 전환하면서 (주)풀무원홀딩스로 상호를 변경하였고 식품 사업부문을 나누어 (주)풀무원을 신설법인으로 설립하고 2010년 (주)풀무원식품으로 변경하였다. 주요 제품으로 두부류, 나물류, 면류, 냉동식품류, 조미식품류, 김치류 등을 생산 판매하고 있다. 대표적인 브랜드는 풀무원, 소가(SOGA), 생가득, 찬마루, 아임리얼, 그린체, 내추럴하우스 오가닉, 올가(ORGA)가 있다.

토의 농산업 법인의 종류와 미래비전에 대하여 검토해보자.

지식 발자국

신 유전자원 가치론(RDA)

• **총성 없는 전쟁, 유전자원 확보**

▷ 세계 각국은 국가 신성장동력 창출의 기본소재이자 자국 식량 안보의 핵심인 유전자원의 확보와 보존에 막대한 노력을 경주

- (미국) 국립연구자원센터는 전 세계의 유전자원을 대상으로 생명공학 연구에 필요한 자원 확보를 추진(2010년, 1조 4,000억 원 투자)
- (EU) 제7차 연구개발 기본계획(FP7, 2006년)의 4대 중점분야 중 하나로 생명자원의 인프라 확충과 공동 활용을 포함
- (일본) 세계 최고 수준의 유전자원 확보·관리와 활용을 목표로 국가생명자원사업(NBRP, 2002년부터 계속)을 추진

* 유전자원 보유: 미국 53만, 중국 39만, 인도 34만, 러시아 32만, 일본 24만 3,000, 우리나라 19만 3,000점

▷ 글로벌 농약 및 종자 기업들은 기후변화에 대한 선제적인 대응차원에서 내재해성 유전자원 탐색에 몰두

- 몬산토, 바스프, 신젠타 등은 가뭄, 침수, 고온, 고염 등에 견디는 유전자를 탐색하여 경쟁적으로 특허를 출원(2008년, 532건)
- 몬산토는 내재해성 품종을 통해 기후변화의 위기에 인류의 식량을 안정적으로 공급하는 기업으로 이미지 전환을 추구
- 무차별 인수 합병을 통해 인수된 기업들이 가지고 있던 유전자원을 합법적으로 확보하려는 전략도 구사

• **미국 품종이 된 청양고추**

▷ IMF 위기 시 국내 종묘회사가 다국적 기업에 인수 합병

– 청양고추 등을 육성한 중앙종묘와 흥농종묘가 1998년 다국적 기업인 세미니스(현 몬산토)에 인수합병

– 이에 따라 현재 청양고추뿐 아니라 금싸라기 참외 등의 종자에 대한 모든 권리는 미국 몬산토의 소유

• **우리 유전자원의 수난사**

▷ 우리나라 유전자원은 가치의 중요성에 대한 국내 인식이 형성되기 전에 이미 여러 경로를 통해 외국으로 유출

– 영국의 어네스트 윌슨은 중국의 유전자원을 영국으로 반출한 후, 1914년 우리나라에 와서 자생식물 종자를 수집하여 반출

– 1920년대 동경대 교수 나카이는 총독부에서 2개 중대 병력을 지원받아 전국을 돌며 식물유전자원을 수집하여 일본으로 유출

– 1930년대 소련의 식물학자인 슈바킨바키는 동·서·남해안 일대를 전함을 타고 다니며 자생식물을 채집하여 소련으로 반출

– 베리 잉거(Barry R Yinger)와 미국 수목원 관계자들도 1984년부터 5년간 3차례에 걸쳐 한반도 전역의 희귀식물을 채집하여 유출

▷ 보호 장치 없이 유출된 우리나라 유전자원은 해당국에서 다양한 품종 개발에 이용되었고, 일부 품종은 국내로 역수입

– 일본은 우리나라산 재래종 벼, 보리 등을 수집·보관하고 있으며, 미국 일리노이대학은 우리나라 재래동 5,700여 종을 보관 중

– 북한산에서 수집한 정향나무로 미국에서 육성한 '미스킴 라일락'은 미국 라일락 시장의 30퍼센트를 점유, 구상나무는 크리스마스트리로 인기

– 2009년 미국 펜실베니아 원예학회 주관 콘테스트 수상작에 한국의 동백나무로 추정되는 '코리안 파이어'가 포함(워싱턴포스트, 8.22.)

출처: 농촌진흥청, 2011, "신유전자원 가치론", 『RDAInterrobang』 28호

9

농산업법 관련 판례

농산업과 관련된 다툼은 대부분 소작과 관련되어 있고, 최근에 들어 국제문제를 다룬 기록들이 있다. 이 장에서는 지금까지 발생한 농산업법 관련 분쟁에서 얻어진 판례를 유형별로 정리하였다.

1. 경자유전원칙

▶ 위법한 농지취득자격증명에 근거한 농지의 취득

대법원 2006. 2. 24. 선고 2005도8802 판결 [농지법위반] [미간행]

판시사항

피고인들이 부동산매매회사를 통하여 농지취득자격증명을 받아 농지를 취득한 사안에서, 피고인들이 직접 농업경영에 이용할 목적이나 의사로 농지를 매수한 것으로 보기 어렵고, 법령에 위반된 방법으로 농지취득자격증명을 발급받게 될 것이라는 사정을 알면서도 이를 용인 내지 묵인하였다고 보아, 무죄를 선고한 원심판결을 파기한 사례

참조조문

농지법 제8조 제1항, 제61조 제1호

전문발췌

(전략) 나아가, 우리나라의 부동산 투기 실태와 정부 수립 이래 경자유전(耕者有田)의 원칙에 따라 비농업인의 농지 소유를 계속적으로 제한하여 온 규제 연혁 등에 비추어 볼 때, 실제로 농사를 짓지 않는 사람이 농지를 취득하는 경우에는 법령상 제한이 있을 것이라는 점은 경험상 쉽게 알 수 있을 것임에도 피고인들이 이 사건 농지를 자경할 의사 없이 매수하기 위하여 그 취득에 필요한 농업경영계획서 제출이나 농지취득자격증명 발급에 관한 일체의 사무를 남광 직원에게 일임한 것은, 결국 법령에 위반된 방법으로 농지취득자격증명을 발급받게 될 것이라는 사정을 알면서도 이를 용인 내지 묵인한 것으로 볼 수밖에 없다 할 것이므로, 피고인들에게 농지법 위반에 대한 고의가 없었다고 볼 수도 없다고 할 것이다.

▶ 농지개혁법 실시 이후 자작농민에게 농지를 매수하여 다시 그에게 소작을 주는 것으로 하는 농지매매계약은 무효이다.

대법원 1964. 5. 12. 선고 63다830 판결 [원인무효에인한토지소유권이전등기말소]

판시사항

농지개혁법 실시 이후에 자작농민으로부터 농지를 매수하여 다시 그 농민에게 소작을 주는 것을 내용으로 하는 농지의 매매계약의 효력

판결요지

본법 실시 이후에 자작농민으로부터 농지를 매수하여 다시 그 농민에게 소작을 주는 것을 내용으로 하는 농지의 매매계약은 무효이다.

참조조문

농지개혁법 제1조, 농지개혁법 제7조

▶ 경자유전의 원칙에서 말하는 '농지' 여부를 결정하는 표준

대법원 1962. 5. 3. 선고 62다43 판결 [부동산소유권이전등기]

판시사항

일시적으로 농경지로서 경작한 사실이 있는 시가지 계획사업의 집행이 완료되고 그에 대한 인가공시까지 완료된 토지에 대한 농지분배

판결요지

본법(농지개혁법) 실시 당시에 실지로 경작하고 있는 농지는 지목여하를 불구하고 그 경작자에게 분배를 하게 되는 것인바 경자유전의 원칙에서 말하는 농지여부를 결정하는 표준은 일시적인 사실상의 경작사실 또는 공부상의 지목여하 또는 시가지계획령(발)에 의한 구획정리공사가 완료되었다는 인가 내지 고시가 있다는 등의 형식적인 사실만으로서 결정할 것이 아니고 현실적으로 경작하고 있다는 사실에다가 그 토지에 가하여진 공작 또는 그 토지의 주위환경 등 여러 가지의 객관적 사실들을 종합하여 일반적 평균인의 건전한 관차로서 이를 결정하여야 한다.

2. 농지법

▶ 장차 농업인이 되려는 자: 농지의 자경목적이 인정되지 않아 소유권 이전등기를 부정

대법원 1966. 7.5. 선고 66다736 [소유권이전등기]

전문발췌

농지개혁법 제19조에 의하여, 농지를 매수할 수 있는자의 자격은 매매 당시의 기성농가와 매수당시 농지를 자경할 목적이 있음이 확인된 자임을 요한다 함이 본원의 종래부터 채택하는 견해로서(1960. 4. 21. 선고 4291 민상280 사건참조) 원심은 같은 견해 아래 원고가 본건 토지 매수 당시에, 서울시에서 의료업을 주업하는 사람으로서 앞으로 농지소재지에 이사하는 등 하여, 농지를 경작할 목적이 있음이 인정되지 않는다는 전제 아래, 원심이 원고청구를 기각한 본건 농지부분에 대한 농지매매는 비록 소재지 관서의 농지 매매증명이 있다 하여도, 법률상 효력을 발생할 수 없다

고 판단하였음은 정당하며, (후략)

▶ 법인은 농가가 아니므로 농지를 취득할 수 없다.

농지개혁법과 관련된 대법원 판례에서는 "법인은 원칙상 농가가 아니므로 농지를 소유하였어도 농가가 아니다."(대판 1955. 3. 31. 판결), "농지매수자가 비영농법인이면 농지증명을 제시하더라도 그 매매는 무효이다."(대판 1989. 2. 14. 판결) 등 '법인'은 농가가 아니라고 해석하여 법인의 농지소유를 엄격하게 제한하였다. 이후 1990년 영농조합법인의 농지소유 허용을 계기로 법인이 농지를 소유할 수 있는 길이 열리게 되었다.(김홍상, 2006, "경자유전 원칙에 관한 소고", 『농촌경제』 29(2), p. 143)

▶ 농지를 취득할 수 없는 회사가 체결한 농지매매계약은 효력이 없다.

대법원 1994. 10. 25. 선고 94다18232 [계약해제확인]

판결요지

의약품제조 및 도매업, 의약품 원료 조분판매, 의약품 수입판매 등을 목적으로 하는 주식회사는 농지매매계약을 체결하였다고 하더라도 농지개혁법 또는 농지임대차관리법상 농지매매증명을 발급받을 수가 없어 결과적으로 농지의 소유권을 취득할 수 없으므로, 농지의 매도인이 매매계약에 따라 그 매수인에 대하여 부담하는 소유권이전등기의무는 원시적으로 이행불능이라고 하여야 할 것이고, 따라서 원시적 불능인 급부를 목적으로 하는 농지의 매매계약은 채권계약으로서도 무효라고 아니할 수 없다.

▶ **국가는 농가가 될 수 없다.**

대법원 1972. 8. 29. 선고 72다1028 [소유권이전등기말소]

판시사항

농지분배의 목적으로 정부에 매수된 농지가 분배됨이 없이 그 소유권이 다시 원소유자에게 돌아가게 되었다는 원고의 청구는 피고(나라)명의의 소유권이전등기가 원인무효의 것이라는 것만으로 곧 당연히 인용될 수 없는 것이고, 그것보다는 적어도 그 누구에게도 분배되지 아니하였다는 사실이 확정되어야만 인용할 수 있다.

참조법령

농지개혁법 제5조: 민사소송법 제126조

전문발췌

(전략) 농지개혁법상 자경할 농가가 될 수 없는 국가는 농지를 자기 앞으로 분배소유할 수 없는 것이 분명하니 위의 이 사건 농지에 대한 등기는 특단의 사정이 없는 한 원인무효의 등기가 된다는 것으로 판단하였음은 정당하다.

※ 현재 법률상으로는 국가가 농지를 소유할 수 있다.

3. 농지임대차

▶ **소작의 개념**

대법원 1955. 8. 4. 선고 4287민상362

전문발췌

(전략) 소작제라 함은 농지소유자가 농지를 타인으로 하여금 경작케 하고 총 수확 중의 일부 또는 반수를 받기로 한 경우에 그 계약내용이 경작자가 그의 비용으로 자기 책임하에 경작케 한 것이라면 농감, 위임계약, 기타 명칭 여하에 불구하고 이는 소작이며, 임대차도 이에 포함된다.

소작의 개념과 관련한 해설

현행 농지법에서는 농지의 임대차나 사용대차는 법률에서 정하는 일정한 사유 외에는 원칙적으로 허용되고 있지 않다. 농지의 임대차와 구별되는 소작의 개념은 계급적이고 신분적 예속성이 강하게 잔존하는 '기생지주제'를 의미하는데 이는 비농민의 농지소유, 고율의 차임, 소유권에 의한 경작권의 자의적 지배, 소유규모의 광대성 등의 속성을 내포하는 사회경제적 개념이라고 이해된다. 이에 반해 임대차는 임대인과 임차인 간의 신분적 예속관계가 없는 대등한 위치에서 경제적으로는 적정률의 차임을 지급하면서 농지를 이용하는 근대적 사적자치원칙에 입각한 계약관계라는 법적 개념이라고 할 수 있다.

현행 농지법에서도 이러한 소작의 정의는 그대로 유지될 수 있지만, 고율의 차임에 대한 규정이 1999년 3월 31일 개정 농지법부터 삭제됨에 따라 민법의 규정을 따르게 되었다.

▶ 농지법상 위탁경영의 허용 여부: 원칙적 불허

대법원 2006. 2. 24. 선고 2005도8080 [농지법위반]

판시사항

(1) 농지법상 자신의 노동력을 투입하지 아니한 채 농작업의 전부 또는 일부를 위탁경영하는 것이 허용되는지 여부(한정 적극) 및 농지법 제61조에 정한 '사위 기타 부정한 방법으로 제8조 제1항의 규정에 의한 농지취득자격증명을 발급받은 자'의 의미

(2) 농지의 매입 과정에서 자경을 하지 아니하면 농지의 소유가 불가능하다는 규정을 회피하기 위하여 허위의 사실을 기재하여 농지취득자격증명을 발급받은 경우, 사위 기타 부정한 방법으로 농지취득자격증명을 발급받은 경우에 해당한다고 본 사례

재판요지

(1) 농지법 제2조, 제6조, 제8조, 제9조 및 같은 법 시행령의 규정에 비추어 보면, 농지법 제9조 소정의 예외적인 경우를 제외하고 자신의 노동력을 투입하지 아니한 채 농작업의 전부 또는 일부를 위탁경영하는 것은 허용되지 아니하고, 농지법 제61조 소정의 사위 기타 부정한 방법으로 제8조 제1항의 규정에 의한 농지취득자격증명을 발급받은 자라 함은 '정상적인 절차에 의하여는 농지취득자격증명을 받을 수 없는 경우임에도 불구하고 위계 기타 사회통념상 부정이라고 인정되는 행위로써 농지취득자격증명을 받은 자'를 의미한다.

(2) 피고인이 처음부터 농지 전부를 자신이 자경하지 아니하고 현지인에게 위탁경영할 목적으로 매입하였고, 이 과정에서 자경을 하지 아니하면 농지의 소유가 불가능하다는 규정을 회피하기 위하여 농지취득자격증명 신청서에 첨부된 농업경영계획서의 노동력확보방안란에 '자기노동력' 또는 '자기노동력과 일부 고용'이라고 허위의 사실을 기재하여 농지취득자격증명을 발급받은 경우, 이는 농지법 제61조에서 정하는 사위 기타 부정한 방법으로 농지취득자격증명을 발급받은

경우에 해당한다고 본 사례이다.

참조법령

(1) 농지법 제8조 제1항, 제9조, 제61조

(2) 농지법 제8조 제1항, 제61조

4. 농업협동조합

▶ 농업협동조합이 영리적 업무를 수행할 수 있는지 여부

대법원 1973. 8. 21. 선고 73다644 [대여금] [공보불게재]

재판요지

농업협동조합 산하 직매소장의 영리목적 차금행위와 동 조합의 사무집행 여부: 농업협동조합은 영리를 목적으로 하는 사업을 하지 못하므로 (농업협동조합 제5조 제2항), 그가 경영하는 식품가공공장의 직매소장이 본조 금원을 차용한 것이 영리적 사무에 사용할 취지였다면 이는 위 조합의 사무집행과는 관련이 없다.

▶ 헌법재판소 판례: 농협이 금융기관인지 여부

헌법재판소 2001. 3. 21. 선고 99헌바72

[특정경제범죄가중처벌등에관한법률 제5조 제1항 등 위헌소원]

[헌공제55호]

재판요지

농협은 금융기관에 해당한다.

판시사항

(1) '금융기관' 임직원의 '직무' 관련 수재 등 행위에 대한 이 사건 처벌규정의 입법취지와 '금융기관' 및 '직무'의 범위
(2) 농·축협이 위 '금융기관'에 포함된 근거
(3) '금융기관' 및 '직무'가 금융업무에 관련되는 것인지를 구분하지 않은 것이 명확성원칙에 위배되는지 여부(소극)
(4) 농·축협 임직원의 금융업무와 무관한 수재 등 행위에 대한 이 사건 처벌규정의 평등원칙, 과잉금지원칙 위반여부(소극)

▶ 헌법재판소 판례: 농협과 축협중앙회의 기본권 주체성 인정과 관련된 판례

헌법재판소 2000. 6. 1. 선고 99헌마553 [농업협동조합법위헌확인] [헌공제46호]

판시사항

(1) 축협중앙회라는 결사체 자체도 그 결사의 구성원인 회원조합들과 별도로 결사의 자유의 주체가 될 수 있는지 여부(적극)
(2) 회원의 임의탈퇴나 임의해산이 불가능하고 반드시 법률로 따로 정하여 해산하도록 하고 있는 등 사법인에서 볼 수 없는 공법인적 특성을 많이 가지고 있는 축협중앙회가 기본권의 주체가 될 수 있는 법인인지 여부(적극)
(3) 헌법 제123조 제5항에서, "농·어민의 자조조직을 육성할 의무"와

"자조조직의 자율적 활동과 발전을 보장할 의무"를 아울러 규정하고 있는 의미

(4) "중앙회의 해산에 관하여는 따로 법률로 정한다"고 규정하고 있는 축협법 제111조의 입법취지

(5) 축협중앙회의 해산 및 새로 설립되는 농협중앙회로의 통합 등을 규정하고 있는 농업협동조합법(1999. 9. 7. 법률 제6018호)이 축협중앙회 등이 가지는 기본권의 본질적인 내용을 침해하는지 여부(소극)

(6) 위 농업협동조합법이 축협중앙회 등의 결사의 자유, 직업의 자유, 재산권 등을 과도하게 제한하는 것으로 위헌인지 여부(소극)

결정요지

(1) 법인 등 결사체도 그 조직과 의사형성에 있어서, 그리고 업무수행에 있어서 자기결정권을 가지고 있어 결사의 자유의 주체가 된다고 봄이 상당하므로, 축협중앙회는 그 회원조합들과 별도로 결사의 자유의 주체가 된다.

(2) 헌법상 기본권의 주체가 될 수 있는 법인은 원칙적으로 사법인에 한하는 것이고 공법인은 헌법의 수범자이지 기본권의 주체가 될 수 없다. 축협중앙회는 지역별·업종별 축협과 비교할 때, 회원의 임의탈퇴나 임의해산이 불가능한 점 등 그 공법인성이 상대적으로 크다고 할 것이지만, 이로써 공법인이라고 단정할 수는 없을 것이고, 이 역시 그 존립목적 및 설립형식에서의 자주적 성격에 비추어 사법인적 성격을 부인할 수 없으므로, 축협중앙회는 공법인성과 사법인성을 겸유한 특수한 법인으로서 이 사건에서 기본권의 주체가 될 수 있다.

(3) 헌법 제123조 제5항은 국가에게 "농·어민의 자조조직을 육성할 의무"와 "자조조직의 자율적 활동과 발전을 보장할 의무"를 아울러 규정하고 있는데, 이러한 국가의 의무는 자조조직이 제대로 활동하고

기능하는 시기에는 그 조직의 자율성을 침해하지 않도록 하는 후자의 소극적 의무를 다하면 된다고 할 수 있지만, 그 조직이 제대로 기능하지 못하고 향후의 전망도 불확실한 경우라면 단순히 그 조직의 자율성을 보장하는 것에 그쳐서는 아니 되고, 적극적으로 이를 육성하여야 할 전자의 의무까지도 수행하여야 한다.

(4) 중앙회의 해산을 따로 법률로 정하여 하도록 한 축협법 제111조의 취지는, 축산업을 포함한 농업은 단순히 농민의 이익만을 위한 산업이 아니라 국민에게 식량공급을 담당하고 있는 산업이므로 지속적으로 국가의 농업정책과 긴밀하게 관련되어 있고, 농협, 축협 등 각 중앙회는 한편으로는 회원조합이나 그 조합원의 이익을 위하여 기능하면서도 다른 한편으로는 국가의 농업정책 수행의 기능을 보조·담당하기도 하여 국가의 농업정책수행을 함께 긴밀히 조율해 나가는 기능도 아울러 지니고 있다고 판단되는 점에 비추어, 해산에 관한 한 중앙회 회원들끼리 함부로 중앙회를 임의 해산하는 일이 없도록 하여 중앙회의 유지·존속을 꾀함과 아울러, 중앙회의 존속여부 및 해산방식 등의 점에 관하여 법 자체에서 광범위한 입법형성권을 유보하여 둔 것이다.

5. 농수산물의 원산지 표시

▶ 횡성에서 도축된 한우를 횡성한우라고 할 수 있는지

대법원 2012. 10. 25. 선고 2012도3575 판결 [농산물품질관리법위반[1]]

---

1) 후에 농수산물의 원산지 표시에 관한 법률로 개정되었다.

요지

국내에서 출생한 소가 출생지 외의 지역에서 사육되다가 도축된 경우 해당 소가 어느 정도의 기간 동안 사육되면 비로소 사육지 등을 원산지로 표시할 수 있는지에 관하여 관계 법령에 아무런 규정이 없다면 특정 지역에서 단기간이라도 일정 기간 사육된 소의 경우 쇠고기에 해당 시·도명이나 시·군·구명을 원산지로 표시하여 판매하였다고 하더라도 이를 곧바로 위와 같은 원산지 표시 규정 위반행위에 해당한다고 단정할 수는 없다.

판시사항

(1) 국내에서 출생한 소가 출생지 외의 지역에서 사육되다가 도축된 경우, 해당 쇠고기에 사육지 또는 도축지를 원산지로 표시하여 판매하는 행위가 원산지 표시 규정에 위배되는지 판단하는 방법
(2) 출생지 등에서 이동된 농산물의 원산지 판정기준에 관한 별도 규정이 없는 상황에서 국내산 소 도축을 위하여 출생지나 사육지로부터 특정 지역으로 이동시켰으나 이동 당일 도축하지 않고 일정 기간 특정 지역에서 사료 등을 먹이다가 도축한 경우, 이를 단순한 도축 준비행위로 볼 것인지 또는 사육으로 볼 것인지 판단하는 기준
(3) 피고인들이 강원도 횡성군 지역이 아닌 다른 지역에서 생산된 소를 구매하여 도축한 후 '횡성한우'로 표시하여 판매함으로써 구농산물품질관리법상 원산지 표시 규정을 위반하였다는 내용으로 기소된 사안에서, 횡성군 지역에서 출생·사육되지 아니한 소를 횡성군 지역으로 이동시킨 후 도축 시까지의 기간이 2개월 미만인 경우는 모두 일률적으로 도축의 준비행위 또는 단순한 보관행위에 불과하다고 보아 유죄를 인정한 원심판결에 법리오해 등 잘못이 있다고 한 사례

▶ 외국산 재료를 이용하여 국내에서 제조한 김치의 원산지를 국내산으로 표시하고, 원재료의 원산지를 따로 표시하는 것은 적법하다.

인천지법 2004. 6. 4. 선고 2004고단1724 판결 [농산물품질관리법위반]

사실관계

피고인은 중국산 고추를 국내산 고추와 2 대 8의 비율로 혼합하고, 중국산 대파를 국내산 대파와 4 대 6으로 혼합하여 양념장을 만들고, 중국산 배추를 이용하여 배추김치를 제조한 후, 국내산으로 표시하여 배추김치를 판매하였다.

법원의 판단

농산물품질관리법시행령에 의하면 생산, 제조, 가공 과정에 2 이상의 국가가 관련된 경우에는 최종적으로 실질적 변형을 행하여 그 물품의 본질적 특성을 부여하는 활동(실질적 변형)을 수행한 국가를 당해 물품의 원산지로 표시해야 하는바, 포기김치의 제조는 원료에 실질적 변형이 가해지는 경우라 할 것이므로, 이 사건에 있어서 피고인들은 국내에서 위 포기김치를 제조하였으므로 이는 국내산이라 표시할 수 있다.

농산물품질관리법시행령, 시행규칙에 의하면 국내 가공품의 경우에는 그 가공품에 사용된 원료의 함량 순위에 따라 원료의 원산지를 표시하게 되어 있고, 사용된 당해 원료 중 배합비율이 50퍼센트 이상인 원료가 있는 경우에는 그 원료를, 배합비율이 50퍼센트 이상인 원료가 없는 경우에는 배합비율이 높은 순으로 2가지의 원료를 대상으로 하여 원산지를 표시하게 되어 있는데, 포기김치의 경우 배추가 원료의 50퍼센트 이상을 차지하는 것으로 판단되고, 이 사건의 경우 피고인들은 중국산 배추를 사용한 때에는 원료란에 '배추(중국산 89퍼센트)'라고 표시한 것으로 보이므로 원료의 원산지 표시에도 어떠한 문제가 있었던 것으로는 보이지 않는다.

요지

중국산 배추나 국내산 배추에 중국산 고추 일부와 중국산 대파 일부를 혼합하여 만든 양념장으로 국내에서 포기김치를 제조하여 판매한 경우, 포기김치의 제조는 원료에 실질적인 변형이 가해지는 경우이므로 그 제조된 포기김치의 원산지를 '국내산'으로 표시할 수 있고, 다만 원료의 원산지 표시에 있어서는 포기김치의 경우 배추가 원료의 50퍼센트 이상을 차지하므로 그 배추의 원산지만을 따로 표시하면 되는 것이므로, 중국산 배추를 사용한 때에 '원료'란에 '배추(중국산 89퍼센트)'라고 표시하였다면 원산지 표시 규정에 위반되지 않는다.

▶ 중국산 재료가 들어 있는 김치의 원산지를 '한국산 100퍼센트'라고 기재한 것은 부적법하다.

전주지법 2004. 12. 17. 선고 2004노1353 판결 [농산물품질관리법위반]

사실관계

피고인은 국내 상인으로부터 중국산 대파를 구입하여 다른 원료와 혼합하여 김치를 제조한 다음 그 포장재에 원산지를 '한국산 100퍼센트(무, 배추, 알타리, 갓, 파)'로 표시를 하여 판매하였다.

법원의 판단

피고인들이 김치 등을 제조·포장함에 있어 사용한 포장재 맨 윗줄에

'◎원재료명: 배추, 무, 고춧가루, 파, 마늘, 생강, 젓갈 등', 그 바로 아랫줄에 '◎원산지표기: 한국산 100퍼센트(배추, 무, 열무, 알타리, 갓, 파)'라는 문구가 각 기재되어 있는 사실을 각 인정할 수 있는바, 위와 같은 포장재의 문구, 배열 등 형상에 비추어 보면 위 '한국산 100퍼센트'의 표시는 피고인들이 생산한 김치의 종류별 주재료 즉 배추김치의 경우 배추가 한국산임을 표시하는 것에 그치지 아니하고 나아가 그 포장재 안에 들어 있는 김치의 원재료로서 바로 그 위에 표시된 배추, 무, 고춧가루, 파, 마늘, 생강, 젓갈 등이 모두 한국산임을 나타내는 표시로 보이거나 그와 같은 오인을 일으킬 우려가 있는 것으로 보이기에 충분하다.

그렇다면 피고인들이 중국산 대파가 포함되어 있는 김치의 포장재에 '한국산 100퍼센트'라고 표시한 것은 김치의 원산지에 대한 허위표시 또는 혼동하게 할 우려가 있는 표시에 해당한다고 할 것이다.

▶ 북한에서 생산된 상황버섯추출액의 원산지를 '국내산: 북한'이라고 표기한 것은 부적법하다.

대구지법 2008. 4.1. 선고 2007노3631 판결 [농산물품질관리법위반]

사실관계

피고인은 건강보조식품 제조업을 하는 자인바, 국내에서 건강보조식품을 생산하면서 제품 포장지의 성분란에 '상황버섯추출액(국내산: 북한)'이라고 표기한 후 판매했다.

법원의 판단

농산물품질관리법 시행령에 의하면, 국내가공품(수입가공품을 국내에서 가공한 것을 포함한다)의 경우에는 그 가공품에 사용된 원료의 함량순위에 따라 원료의 원산지를 표시하도록 한다.

대외무역법 및 그 시행령, 남북교류협력에 관한 법률 및 그 시행령의 관련 규정을 종합하여 해석하면, 남북 교역과 관련하여서만큼은 북한을 대한민국의 주권이 미치지 않는 외국에 준하여 생각하고 있으며, 남북 교역품을 수입, 수출품에 준하여 취급하고 있음을 충분히 인정할 수 있다.

따라서 북한에서 생산된 물품 등은 수입품과 동일한 방법으로 원산지 표시를 하여야 하므로, 이 사건 북한에서 생산된 상황버섯추출액의 경우, '국내산'이나 '국산'이라는 표기를 하여서는 안 됨에도, 피고인이 '국내산'이라고 표기를 한 것은 원산지의 표시를 허위로 하거나 이를 혼동하게 할 우려가 있는 표시 행위라 할 것이고, '국내산: 북한'이라고 표기하여 북한산임을 명시하였다 하더라도 농산물품질관리법 위반의 죄책을 면할 수는 없다.

▶ 수입한 미국산 씨앗을 국내에서 발아시켜 재배한 무순을 판매하면서 원산지를 국내산으로 표기한 것은 부적법하다.

부산지법 2008. 7. 18. 선고 2008노424 판결 [농산물품질관리법위반]

사실관계

피고인은 수입한 미국산 씨앗을 국내에서 발아시켜 재배한 무순을 판매하면서 원산지를 국내산으로 표기하였다.

법원의 판단

농산물품질관리법 및 시행령, 농림부장관의 고시 등을 살펴보면 수입농산물 등을 국내에서 가공한 경우 당해 가공품의 원산지는 그 가공품에 제공된 수입농산물 또는 수입가공품의 원산지이고, 이를 표시해야 한다.

무순은 농림부장관의 표시대상품목 고시에서 '가공품' 중 '식품공전 정의 품목'의 '기타 식품류'에 포함된다.

위 규정과 기록에 의하면 피고인이 판매한 무순은 미국산 씨앗을 국내에서 발아시킨 것이어서 그 원료의 원산지를 표시하는 방식으로 원산지 표시를 하여야 하므로, 피고인이 판매한 무순에 대한 원산지 표시도 그 원료인 씨앗에 대하여 원산지를 미국으로 표시하는 식으로 하여야 한다.

6. 국제농업분쟁

▶ 일본 김 수입 쿼터 분쟁(DS323)

우리나라는 일본의 김 수입 쿼터 제도가 예외적인 경우를 제외하고는 수량제한조치를 금지하고 있는 WTO 협정에 위배된다고 보고, 2004년 12월 1일에 이를 WTO에 제소하였다. 우리나라는 WTO를 통한 김 수입 쿼터 철폐를 추진하는 한편, 양자적 해결방안도 병행하여 모색하였으며, 일본이 2006년 1월 20일에 한국에 대한 김 수입 쿼터 물량을 향후 10년간 2004년 물량의 5배(1,200만 속)로 증량하기로 함에 따라 이 분쟁은 최종 타결되었다.

▶ 쇠고기 수입규제 분쟁(DS161, 169, 2001. 1. 10 -l 상소기구)

미국과 호주는 각각 1999년 12월 1일과 4월 13일에 우리나라의 수입쇠고기 전문 판매점 제도, 수입쇠고기에 대한 표시제 등 수입쇠고기 유통상의 제약과 축산 보조금 제도가 WTO 규범에 위배된다며 이를 WTO에 제소하였다. 패널은 2000년 7월 31일 우리나라 수입쇠고기 전문 판매점 제도와 수입쇠고기에 대한 표시제도 등의 유통상 제약은 내국민대우 조항에 위배되며, 한우산업에 대한 보조금 계산방법도 WTO 농업협정에 위배된다고 판정하였다. 상소기구는 2000년 12월 11일 우리나라의 수입쇠고기 구분 판매제도가 WTO 규범에 위배되는 것임을 재확인하였으나, 축산보조금과 관련해서는 우리나라가 보조금 감축 약속을 위반했다고 판단할 충분한 근거가 없다는 이유로 패널의 판정을 번복하였다. 우리나라는 쇠고기 수입제도를 개선하여 2001년 9월 25일 분쟁해결기구 회의에서 판정 내용 이행을 통보하였다.

사건의 개요

1989년 GATT 패널이 한국의 쇠고기 수입제한조치가 GATT 규범에 어긋난다고 판정한 이후 한국은 미국, 호주, 뉴질랜드 등과 쇠고기 수입쿼터 설정, 잔존 수입 제한 조치의 단계적 폐지 등을 골자로 한 양해각서를 체결하여 이들 국가의 쇠고기를 쿼터 제도하에서 수입하여 왔다.

1997년 말 외환위기로 인해 환율이 상승하고 외국쇠고기 가격과 사료 가격이 급등하여 외국쇠고기 소비가 위축되고 도산위기에 처한 축산 농가들이 많은 물량을 도축, 국내 쇠고기의 공급이 확대되면서 외국쇠고기의 수입이 급감했고 1998년에는 쿼터 물량만큼 수입하지 못하게 되었다.

이에 호주, 미국 등 쇠고기 수출국은 우리 정부에게 수입을 늘릴 수 있는 적극적인 조치를 취해 줄 것을 요청하였고 양자 협의 등을 통해 만족할 만한 성과를 거두지 못하게 되자 한국의 쇠고기 수입 제도가 WTO 협정 위반이라면서 패널설치를 요청하였다.

호주와 미국은 쇠고기 수입 물량 제한, 수입쇠고기 전문 판매점 제도(구분판매), 수입쇠고기에 부과되는 수입 부과금, 축산업에 대한 국내 보조 등의 한국의 쇠고기 수입 관련 조치가 GATT III조 4항(내국민 대우), XI조 1항(수량 제한의 일반적 금지), XVII조(국영무역) 등과 농업협정 3조(양허 및 감축 약속), 7조(국내 보조에 관한 일반 원칙) 및 수입허가절차협정의 1조(일반원칙), 3조(비자동 수입 허가) 등에 위반된다고 패널에 제소하였다.

패널은 제소국의 주장을 수용하여 한국의 WTO 협정 위반을 인정하였다. 이에 한국은 쿼터제도에 관하여는 패널의 판정을 수용하였으나 구분 판매 제도와 농업 보조금과 관련하여서는 상소기구에 이의를 제기하였다. 상소기구는 구분 판매 제도에 관하여는 패널의 판정을 수용하였으나 보조금 부분에 대하여는 패널의 판정을 번복하였다.

농업보조금: 농업협정 3조, 6조, 7조

미국과 호주는 한국의 쇠고기에 대한 보조금은 농업협정 6조 4항 가. 회원국은 아래 사항에 해당되는 보조를 현행보조 총액 측정치 합계에 산입하도록 요구되지 아니하며 이를 감축하도록 요구되지 아니한다. (1) 그 밖의 경우 회원국의 현행보조 총액 측정치의 계산에 포함되도록 요구되나 당해년도 중 이러한 보조가 동 회원국의 기초 농산물의 총생산가의 5퍼센트를 초과하지 아니하는 품목특정적 국내 보조, 그리고 (2) 그 밖의 경우 회원국의 현행보조 총액 측정치의 계산에 포함되도록 요구되나 이러한 보조가 동 회원국의 총농업생산가의 5퍼센트를 초과하지 아니하는 품목불특정적 국내보조로서 나. 개발도상회원국에 대하여는 이 항에 따른 최소허용비율은 10퍼센트로 한다.

등에서 허용된 최소 허용보조 수치 10퍼센트를 초과한다고 주장하였다. 동 조는 품목 특정적 국내 보조의 경우는 해당년도의 특정품목 총생산액의 5퍼센트를 초과하지 않는 범위 내에서, 품목 불특정 국내 보조의 경우에는 농업 총생산액의 5퍼센트를 초과하지 않는 범위 내에서 '총 보조 총액 측정치(Current Total AMS)'의 계산 시 산입하지 않도록 허용하고 있으며 감축 약속에서도 제외시키도록 하고 있고 개도국에 대하여는 최소 허용 보조(de-minimis)비율을 10퍼센트로 두고 있다.

패널은 한국이 국내 보조금을 계산함에 있어 i) 산정 기준 시기와 단계별 지급이 잘못 계산된 외부참조가격, 적정 생산수준(eligible production)의 산정 오류, 총 생산 물량의 산정 오류 등이 있음에도 이를 반영하여 시장 가격 보조금을 계산하였고, ii) 다른 감축 대상 보조금을 제외하고 계산하는 오류를 범하였다고 결정하였다.

즉, 외부 참조 가격을 계산함에 있어 부속서 3의 8[2)]에서 기준년도를 1986~1988년으로 규정함에도 불구하고 한국은 1988~1991년을 기준으로 계산하였다고 지적하였다. 또한 부속서 3의 8은 시장 가격 보조금을 고정 외부 참조 가격과 적용 관리 가격 간의 차이에 적용 관리 가격을 받은 적정한 수량을 곱하여야 한다고 규정하고 있는데, 한국은 동 수량을 실제 수매 수량으로 판단하여 계산하였으나, 패널은 제소국의 주장을 받아들여 적정 생산 수준이 적정한 수량이라고 판정하였다.

또한 한국이 총 대상 품목 가격을 1997년이 아닌 1996년을 기준으로 산정하고 있는 것은 농업협정에 위반되는 행위라고 판정하였다. 마지막으로 농업협정 6조 4항 가호 (2)에서는 AMS에 계산되도록 요구되는 품목 불특정 보조라도 5퍼센트를 초과하지 않는 경우에는 계산하지 않는다고 규정하고 있는데(개도국에 대해서는 10퍼센트), 동 보조금은 이를 초과하므로 7조 2항 가호[3)]에 의하여 동 비용을 산입하여 계산하여야 한다

---

2) 시장가격 지지: 고정외부참조가격과 적용관리 가격과의 차에 적용관리가격의 적용 대상이 되는 생산량을 곱하여 계산된다. 동 가격차를 유지를 위해 소요되는 구매, 저장비용 등 재정지출은 보조 총액 측정치에 포함되지 아니한다.

3) 가. 국내 보조 조치의 수정을 포함하여 농업생산자를 위한 국내 보조 조치와 추후 도

고 보았다.

이상의 분석을 토대로 패널은 한국은 1997~1998년 기간에 최소 허용치 10퍼센트를 초과하는 국내 보조금을 지급하였으므로 농업협정 6조를 위반하였으며, 동 기간 동안 실제 총 AMS에 목우(牧牛)산업에 대한 국내 보조를 포함하지 아니한 것은 농업협정 7조 2항 가호를 위반한 것이라고 판정하였다. 또한 새로이 계산한 수치를 토대로 재계산한 결과, 1997~1998년의 실제 총 AMS는 한국의 감축 약속을 초과하므로 농업협정 3조 2항[4]에 위반된다고 판정하였다.

패널의 판정에 대해 한국은 상소하였다. 상소기구는 보조금 분야에서 패널의 판정을 번복하여 한국의 1997~1998년 최소 허용 보조금이 10퍼센트를 넘지 않으므로 목우산업에 대한 실제 AMS를 총 AMS에 포함한 패널의 판정은 농업협정 6조와 7조 2항 가호에 합치하지 않는다고 판정하였다. 또한 그 결과 한국의 양허 금액이 초과하여 3조 2항을 위반했다는 패널의 판정도 번복하였다. 상소기구는 한국의 양허표상의 금액계산과 관련하여서는 비록 부분적으로 1993년 보조금액을 활용하고는 있으나 궁극적으로 목표치는 1989~1991년 기준치를 사용하고 있으며, 또한 이러한 계산법을 양허표 부록에 명확히 밝히고 있음을 이유로 패널의 판정을 번복하였다.

다음으로 실제 총 AMS 계산에 대해서 상소기구는 AMS의 계산은 회원국의 양허표 제4부에 인용됨으로써 통합된 보조 자료의 표에서 사용된 구성 자료와 방법을 고려하여 부속서 3의 규정에 따라야 한다

입되는 조치로서 이 협정 부속서 2의 기준을 충족시키거나 혹은 이 협정의 다른 규정에 따라 감축으로부터 면제되는 것으로 판명되지 아니하는 조치는 회원국의 현행 보조 총액 측정치 합계의 계산에 포함된다.

4) 제6조의 규정을 조건으로, 회원국은 자기 나라의 양허표 제4부 제1절에 명시된 약속 수준을 초과하여 국내 생산자를 위하여 보조를 제공하지 아니한다.

는 농업협정 1조 가호 (2)의 규정을 적용하였다. 그 결과 상소기구는 적정 생산수준과 1986~1988년의 외부 참조 가격을 기초로 실제 AMS를 산정하여야 한다고 결론짓고 한국의 계산법이 틀렸음을 지적한 패널의 판정에 동의하였다. 그러나 상소기구는 패널이 인정한 새 계산법 또한 1989~1991년을 기준으로 외부 참조 가격을 계산하고 있는데, 이는 부속서 3에 일치하지 않는 계산법이라고 보았다. 더욱이 1986~1988년의 실제 외부 참조 가격에 대한 자료가 없음에 주목하였다. 즉 상소기구는 패널의 기록에 대한 근거가 불충분하므로 이를 토대로 한국의 조치가 농업협정 3조 2항, 제6조, 7조 2항 가호에 불일치하는지에 대해서는 사실을 확인할 수 없다고 판정하였다.

참고문헌

[1] 홍성방. 2007.『법학입문』. 신론사. pp. 134-152.

[2] 위키피디아. "마그나 카르타". 〈http://ko.wikipedia.org/wiki/%EB%A7%88%EA%B7%B8%EB%82%98_%EC%B9%B4%EB%A5%B4%ED%83%80〉

[3] 위키피디아. "권리 청원". 〈http://ko.wikipedia.org/wiki/%EA%B6%8C%EB%A6%AC_%EC%B2%AD%EC%9B%90〉

[4] 위키피디아. "권리 장전". 〈http://ko.wikipedia.org/wiki/%EA%B6%8C%EB%A6%AC_%EC%9E%A5%EC%A0%84〉

[5] 한양대학교 법학연구소. 2003.『법학일반론』. 한양대학교 출판부. p. 27.

[6] 농촌진흥청 홈페이지. "작물기술정보 고구마 항목". 〈http://www.rda.go.kr/board/board.do?mode=html&prgId=arg_cropfarmskillEntry#ac_con_view, 2014. 12.〉

[7] Biraben, Jean Noël, André Langaney, Institut national d'études démographiques (France). 1980. *An Essay Concerning Mankind's Evolution*. Paris: National Institute for Population Studies.

[8] OXFAM. 2012. CEREAL SECRETS.

[9] USDA/FASPSDOnline. 2012.

[10] 대한한돈협회. 2012. "'한·중 FTA가 한돈산업에 미치는 영향'에 대한 조사 연구". p. 49.

[11] EIA. "International Energy Statistics". 〈http://www.eia.gov/〉

[12] 농협경제연구소. 2008. "식량위기와 쌀 자급의 의의".『CEO Focus』 제192호. p. 13.

[13] 농촌경제연구원. "KREI 해외곡물시장정보". 〈http://grains.krei.re.kr/〉

[14] 위키피디아. "조류인플루엔자". 〈http://ko.wikipedia.org/wiki/%EC%A1%B0%EB%A5%98_%EC%9D%B8%ED%94%8C%EB%A3%A8%EC%97%94%EC%9E%90, 2012. 12.〉

[15] 인정식. 1940. 『조선의농업지대(朝鮮の農業地帶)』. 한국농지개발사.

[16] IMF. 2010. "World Economic Outlook Database"(October).

[17] 한국은행. "국민계정". 〈http://ecos.bok.or.kr/〉

[18] 농림수산식품부. 『농림수산식품주요통계』. 〈http://www.mifaff.go.kr/list.jsp?board_kind=&board_skin_id=&depth=2&division=H&group_id=2&link_menu_id=&link_url=&menu_id=1107&menu_name=통계간행물&parent_code=34&popup_yn=N&reference=4&tab_yn=N&code=left, 2014. 12.〉

[19] Earth Policy Institute. "Meat Consumption in China and the United States". 〈http://www.earth-policy.org/plan_b_updates/2012/update102, 2014. 12.〉

[20] Index Mundi. "World Bioethanol Production by Country". 〈http://www.indexmundi.com/energy.aspx?product=ethanol&graph=production, 2014.12.〉

[21] 국립국어연구원. "패러다임". 『표준국어대사전』.

[22] 농지은행. "농지가격 및 거래동향". 〈http://www.fbo.or.kr/〉

[23] 전태목. 2007. "농지은행사업의 효율적인 발전방안에 관한 연구". 대구대학교 석사학위논문. p. 6.

[24] 한국농촌경제연구원. 2004. "농업의 다원적 기능에 대한 국민의식조사". p. 34.

[25] 농림축산식품부. 2013. "조직도". 〈http://www.mafra.go.kr/, 2013.12.〉

[26] 이용환. 2006. "우리나라의 사회 경제적 변화와 농업농촌 교육의 대응". 『한국 농업 근현대화 100년 기념 심포지엄 자료집: 한국 농업 "과거 100년, 미래 100년"』. p. 146.

[27] U.S. Department of Agriculture. "National Agricultural Statistics Service". *2007 Census of Agriculture*. Vol. 1.

[28] 이수연. 2001. "스위스와 한국 농업직불제의 비교 분석". 서울대학교 석사학위논문.

[29] 박수진. 2008. "생물다양성협약상 유전자원의 접근 및 이익공유의 최근동향 및 정책방향에 관한 고찰". 『국제법무연구』 12(2): 83-103.

[30] 농림축산식품부. "정책자료". 〈http://www.mafra.go.kr/list.jsp?board_kind=&board_skin_id=&depth=1&division=H&group_id=4&link_menu_id=72&link_url=&menu_id=71&menu_name=정책자료&parent_code=4&popup_yn=N&reference=7&tab_yn=N&code=left, 2014. 12.〉

[31] 위키피디아. "Archer Daniels Midland". 〈http://en.wikipedia.org/wiki/Archer_Daniels_Midland〉

[32] 위키피디아. "Bunge Limited". 〈http://en.wikipedia.org/wiki/Bunge_Limited〉

[33] 위키피디아. "Cargil". 〈http://en.wikipedia.org/wiki/Cargill〉

[34] 대한상공회의소 코참비즈 홈페이지. 〈http://www.korchambiz.net/COMPI/compi_1section.jsp?section=A, 2014. 12.〉

찾아보기

【ㄱ】

【ㄴ】

【ㅅ】

【ㅇ】

【ㅈ】